DR. MARC DINGMAN

TU CEREBRO
AL DESCUBIERTO

LO QUE LA NEUROCIENCIA NOS REVELA
SOBRE EL CEREBRO Y SUS RAREZAS

OBERON

Maquetación

Jorge Díaz Ruiz

Diseño de cubierta y dirección creativa

Celia Antón Santos

Traducción

Mariano Tapias Aparicio

Responsable editorial

Eva Margarita García

Título original: *Your Brain, Explained. What Neuroscience Reveals about Your Brain and its Quirks*

Copyright © Marc Dingman 2019, 2022. First published in 2019 by Nicholas Brealey Publishing, an imprint of John Murray Press, an Hachette UK company. Copyright fotografía página 46: © 2003-2024 Shutterstock, Inc.

© EDICIONES OBERON (G. A.), 2024
Valentín Beato, 21. 28037 Madrid
Depósito legal: M. 8831-2024
ISBN: 978-84-415-5030-8
Printed in Spain

PAPEL DE FIBRA
CERTIFICADA

A Ky y Fia, mis pequeños científicos

Agradecimientos

Cualquier cosa que haga un cerebro sano, como puede ser el permitirme escribir estas líneas o que tú las estés leyendo, depende de las aportaciones realizadas por una larga lista de regiones cerebrales. Si una de esas regiones no colabora, la cosa puede torcerse e incluso salir rematadamente mal. Se trata de una analogía perfectamente aplicable a este libro. Muchos han contribuido directa o indirectamente a su publicación. Sin ellos, *Tu cerebro al descubierto* no habría logrado salir de imprenta y, de haberlo conseguido, la calidad del producto final se habría visto sustancialmente mermada.

Contar con el equipo de la editorial Nicholas Brealey Publishing fue obviamente un factor clave para que el libro lograra pasar de mi cabeza al papel. Gracias a Alison Hankey por ser capaz de ver el potencial de mi manuscrito, incluso en sus primeros borradores. A Michelle Morgan debo agradecerle su ayuda para navegar por el proceso de publicación de principio a fin, mientras que a Brett Halblieb debo agradecerle sus sabios consejos editoriales. Doy igualmente las gracias a todos aquellos miembros del equipo editorial a los que no tuve el placer de conocer, pero de los que sé que su aportación entre bastidores ha sido fundamental para hacer posible esta obra.

Quiero dar las gracias a mi agente, Linda Konner, por ser la primera persona en convencerme de que alguien podría tener interés en leer las cosas que escribo.

Tom Gould merece un agradecimiento especial por el tiempo dedicado a leer el manuscrito y comprobar los datos recogidos en él. Sus concisos comentarios se plasmaron en mejoras sustanciales del contenido del libro. También les estoy agradecido a todos aquellos que leyeron secciones específicas del libro, aportando cada uno sus críticas y elogios. Es el caso de Frank Amthor, Dean Burnett, Moheb Costandi, John Dowling y Stanley Finger. Me maravilla la generosidad de todos ellos y su capacidad para dedicar tiempo y esfuerzo a leer y comentar mi trabajo, recibiendo a cambio poco más que una invitación a comer y un ejemplar del libro.

Estoy tremendamente agradecido a mis padres por su inquebrantable apoyo y su fe en mí, incluso cuando esa fe no parecía estar del todo justificada. Vuestra confianza me ha ayudado a creer en mí mismo y es esa confianza la que me ha permitido embarcarme en un proyecto como este. Sin vosotros –en sentido literal y figurado–, este libro nunca hubiera sido posible.

Tengo la fortuna de haber tenido a mi mujer Michelle a mi lado durante toda esta aventura. Me mostró todo su apoyo desde el primer momento, incluso cuando las ideas dispersas sobre las que hablaba no parecían destinadas a concretarse en algo. Gracias por aguantarme, marchándome siempre pronto a la cama para poder comenzar a escribir antes del amanecer (una más de mis excentricidades), y gracias por todo lo demás que haces por mí, que sería demasiado largo de contar aquí. Saber que te tengo a mi lado hace que todo sea un poco más fácil.

A Ky y Fia les doy las gracias por sus risas y sus sonrisas, y por ayudarme a ser consciente de lo que verdaderamente importa en la vida. Cada día me esfuerzo para conseguir que mi trabajo os haga sentir orgullosos de poder llamarme «papá». Espero que este libro también lo consiga.

Finalmente, quiero dar las gracias a los más de 3500 estudiantes universitarios a los que he tenido el honor de dar clase desde que inicié mi andadura como profesor de la Penn State University. No se me ocurre nada que haya impulsado más mis ganas de aprender sobre neurociencia que poder enseñaros a vosotros, además de tener la oportunidad de ver en vuestros ojos la misma curiosidad que yo tenía cuando empecé a estudiar el cerebro.

Índice

Introducción

En 1908, Kurt Goldstein realizaba su residencia médica en un hospital psiquiátrico de Alemania. Allí se toparía con un caso de lo más extraño. Goldstein había finalizado sus estudios cinco años antes y daba por entonces los primeros pasos de una carrera profesional que estaría plagada de éxitos. A lo largo de las siguientes décadas se convertiría en neuropsicólogo de gran prestigio y en autor de referencia en su campo. Fue uno de los primeros defensores de los enfoques holísticos en el tratamiento de los pacientes neurológicos, haciendo hincapié en la necesidad de tratar a cada paciente como caso individual –o como organismo único, realmente– y no como simple portador de un conjunto de síntomas. Durante la Primera guerra mundial fundó un hospital en el que aplicó este enfoque holístico al tratamiento de miles de soldados con lesiones cerebrales, todo ello antes de que los nazis obligaran a Goldstein a huir de Alemania por su origen judío. Volviendo al comienzo de su residencia médica, fue entonces cuando Goldstein se enfrentó al que posiblemente fuera el caso más extraño de su vida.

La paciente era una mujer de cincuenta y siete años que había sufrido un ictus dos años antes. El ataque había paralizado su brazo izquierdo, aunque fue recuperando con el tiempo la movilidad de este, salvo por una complicación inesperada: su mano izquierda tenía «vida propia». En ocasiones la mano se movía con indiscutible intención de hacerlo –y en contra de su voluntad–, mientras que en otras llegaba a interferir decididamente con el movimiento de su mano derecha. Ella decía que su mano «hacía lo que quería y cuando quería». Cuando trataba de coger un vaso con la mano derecha, la mano izquierda se adelantaba y lo vaciaba en el suelo. Mientras dormía por la noche, la mano arrancaba las sábanas de la cama. ¡En una ocasión llegó a intentar estrangularse a sí misma!

Goldstein conocía casos en los que las manos derecha e izquierda no parecían coordinar sus acciones, pero ninguno tan radical como el de esta mujer. La mano izquierda de la paciente mostraba tal grado de independencia con respecto a su voluntad que ella llegó a creer estar poseída por algún espíritu maligno.

Goldstein no encontraba explicación al fenómeno. Finalmente concluyó que el comportamiento de esta mujer debía responder a algún problema en las vías de comunicación de su cerebro, posiblemente causado por algún fallo de coordinación entre las áreas motora y sensorial del hemisferio derecho, el encargado normalmente de controlar el movimiento del brazo izquierdo. En cualquier caso, el caso seguía desconcertando al joven médico.

Se han registrado cientos de casos como el de esta mujer desde los tiempos de Goldstein. En muchos de los pacientes, una de sus manos se muestra obstinadamente rebelde, como si en un matrimonio mal avenido uno de sus miembros se empeñara siempre en llevar la contraria al otro por simple despecho. Un paciente comienza a abrocharse los botones de la camisa con una mano y la otra se dedica a desabrocharlos. O bien coge un libro para leer con una mano y la otra se lo roba para acabar estampándolo contra la mesa. En otra ocasión, el paciente se dispone a comer con un tenedor y la malvada mano se lo arranca antes de que la comida llegue a su boca. En otros casos la mano llega a la violencia, pegando al propio paciente o a alguna persona dentro de su radio de alcance.

El fenómeno se conoce como «síndrome de la mano ajena» ya que las intenciones de la mano rebelde suelen a menudo resultarle del todo ajenas al paciente, por lo que le cuesta creer que las órdenes que controlan esa extremidad provengan de su propio cerebro. Suele producirse además una extraña desconexión entre el paciente y la extremidad afectada, siendo la visión de esta el único factor capaz de convencerle de que se trata efectivamente de una parte de su cuerpo. De hecho, si vendamos los ojos del paciente mientras su «mano ajena» hace de las suyas, el paciente creerá que las interferencias y molestias sufridas son obra de otra persona y no de su abyecta mano.

El síndrome de la mano ajena es muy raro y suele estar relacionado con algún tipo de lesión cerebral, tanto sobrevenida –como ocurre cuando se sufre un ictus– como fruto de una degeneración progresiva, como ocurre en enfermedades como el alzhéimer.

Normalmente se produce cuando el cerebro ha sufrido lesiones en alguna de las áreas encargadas de reprimir movimientos no deseados o que facilitan la coordinación entre los dos hemisferios cerebrales para realizar movimientos en las extremidades (cada hemisferio del cerebro controla básicamente el movimiento de la mano opuesta). Por tanto, a pesar de que Goldstein no fuera capaz de establecer con precisión el origen neurológico del problema, su razonamiento no iba muy desencaminado.

Yo estaba en la facultad cuando supe por primera vez de la existencia del síndrome de la mano ajena. Estudiaba psicología y el temario abordaba algunos conceptos básicos de neurociencia. Este curso supuso mi primer acercamiento real al estudio del cerebro y me fascinó que pudiera existir algo como el síndrome de la mano ajena. Además de no haber oído hablar de él antes, no podía imaginar que el cerebro pudiera ser el responsable de un tipo de comportamiento tan extraño y contraintuitivo. Asombroso. No puedo afirmar que el momento en el que decidí estudiar el cerebro coincidiera exactamente con aquella lectura sobre el síndrome de la mano ajena, pero sí influyó definitivamente en mi deseo de seguir aprendiendo sobre este maravilloso y misterioso órgano. Poco tiempo después me decidí a cursar un doctorado en neurociencia. Lo cierto es que no era el único ser humano obsesionado con el cerebro por aquella época. Coincidiendo con el inicio de mis estudios de doctorado a tiempo completo, la neurociencia alcanzaba lo que se podría calificar como su pico de popularidad.

Siempre ha existido un pequeño grupo de enamorados del cerebro –amantes de la ciencia, neurocientíficos y otros–, pero desde el comienzo de la década de 1990 y hasta finales del siglo XX, el interés por la neurociencia se propagó enormemente. Los novedosos sistemas de neuroimagen –diferentes técnicas que permiten a los científicos obtener imágenes del cerebro– aparecidos en la década de 1990 permitieron por primera vez la creación de imágenes visuales de la actividad cerebral. El colorido de aquellas imágenes atrajo por igual el interés de los científicos y del público en general. En aquella misma década se hizo igualmente popular el consumo de fármacos antidepresivos diseñados para influir sobre la actividad cerebral. Su uso terapéutico generó bastante optimismo. Se tenía la esperanza de que esta manipulación del cerebro sirviera como tratamiento de graves trastornos mentales o de que estos medicamentos al menos resultaran útiles para inyectar felicidad a nuestra salud mental. Los avances tecnológicos que se vislumbraban en aquellos años apuntaban a un progreso futuro todavía más espectacular en este campo.

El avance de la neurociencia provocó una sensación generalizada de entusiasmo. La gente comenzó a ser consciente de que los rasgos clave de nuestra personalidad y de nuestro comportamiento emanan del cerebro, por lo que la mejor forma de entendernos a nosotros mismos consistiría en conocer mejor el funcionamiento de este órgano. De repente, saber sobre neurociencia se había puesto de moda.

Aquellos entusiastas nacientes del cerebro se dieron cuenta muy pronto de que no se contaba con información rigurosa sobre este y que además resultaba bastante difícil conseguirla. Muchos de los libros sobre neurociencia publicados eran excesivamente complejos y difíciles de entender para el público en general o incluso para neurocientíficos noveles. Para agravar el problema, el material divulgativo dirigido al gran público solía pecar de un exceso de simplificación, lo que implicaba que incluso las descripciones del cerebro y de sus funciones recogidas en estas publicaciones directamente no se correspondieran con la realidad. Los medios de comunicación suelen además presentar las noticias desde un punto de vista a menudo sensacionalista, lo que distorsiona definitivamente la percepción del lector sobre el verdadero ámbito de aplicación de la neurociencia.

Mi esperanza es que este libro satisfaga el hambre de conocimiento del lector sobre el cerebro evitando los extremos a los que acabo de referirme. Está pensando para cualquier lector, incluso aquel sin conocimientos previos sobre neurociencia o sobre ciencia en general. Al mismo tiempo, he tratado de evitar las simplificaciones excesivas que inevitablemente producen una imagen distorsionada e imprecisa del cerebro. Eso sí, he hecho todo lo posible por plasmar la ilusionante realidad que se corresponde con el nivel de conocimiento actual en el campo de la neurociencia, sin caer en exageraciones sobre los logros alcanzados o sobre los que podrían estar a nuestro alcance en un futuro próximo.

El libro se estructura en diez capítulos, cada uno de los cuales aborda una función distinta del cerebro. La explicación de dichas funciones ayudará al lector a conformar una idea básica del funcionamiento del cerebro en su conjunto, presentando las distintas regiones cerebrales, sus mecanismos de actuación y otros datos de interés. Una vez leído, este libro habrá proporcionado al lector un conocimiento neurocientífico suficiente como para permitirle continuar leyendo y aprendiendo sobre las últimas novedades en este campo, discutir con cualquier conocido sobre el funcionamiento del cerebro, e incluso llegar a comprender mejor las razones que explican algunos de sus propios comportamientos.

En cualquier caso, la neurociencia es un inmenso campo del conocimiento y, aunque ya sabemos muchas cosas sobre el cerebro, seguimos sin ser capaces de explicar gran parte de lo que ocurre en este órgano. Por tanto, y a pesar de su título, este libro no puede ser más que una introducción y no una guía completa que describa hasta el último rincón del cerebro. En realidad, tengo la esperanza de que la lectura de este libro impulse al lector a ser consciente de todas las cosas maravillosas, raras e impresionantes que el cerebro es capaz de hacer y que, al acabar la última página, le asalten más dudas que al comenzar a leerlo. Son esas preguntas sin respuesta las que le impulsarán a seguir descubriendo la neurociencia. Y cuando el lector haya logrado responder a todas esas preguntas, habrá un sinfín de cuestiones que seguirán siendo un misterio. Siendo sinceros, no creo que se pueda esperar que el ser humano logre explicar al completo el funcionamiento del cerebro en la próxima generación. Incluso los mejores neurocientíficos actuales solo logran comprender una fracción de lo necesario para explicar cómo trabaja el cerebro.

En cualquier caso, tengo la esperanza que este libro ayude a conocer mejor las características básicas y las rarezas de este órgano situado dentro de nuestro cráneo, de kilo y medio de peso, y con un extraño aspecto causado por los numerosos pliegues de su tejido. El cerebro no es perfecto, ni mucho menos, pero tiene una capacidad inigualable para realizar las múltiples tareas que tiene asignadas como parte del organismo. Esta es una de las razones por las que dedico mi vida a enseñar sobre el cerebro. La verdad es que no se me ocurre que haya nada más interesante en el mundo sobre lo que hablar o escribir.

UNO

Miedo

Cuando los investigadores de la Universidad de Iowa conocieron a S. M. (mencionamos solo las iniciales para proteger la privacidad de esta persona) a principios de la década de 1990, describieron a una mujer de treinta años con un nivel de inteligencia promedio y un carácter alegre. Nada destacable en esta descripción, pero los científicos se habían interesado en el caso de S. M. por un extraño defecto en su capacidad de percepción: le costaba reconocer las emociones en la expresión facial de otras personas. Esta peculiaridad se hacía especialmente evidente en el caso del miedo. S. M. era completamente incapaz de reconocer el miedo en la cara de otra persona.[1]

La mayoría de las personas logran detectar emociones en la expresión facial de otras de forma natural. Esta habilidad resulta muy útil en casi todas las interacciones sociales que mantenemos los humanos. En consecuencia, el déficit sensorial de S. M. representaba un misterio para los investigadores y se esforzaron en convencerla de que participara en un estudio. Pronto se dieron cuenta de que su incapacidad para reconocer el miedo tenía raíces profundas e iba mucho más allá de la insensibilidad a las expresiones faciales: su insensibilidad emocional al miedo era total.

Pongamos como ejemplo algo que aconteció a S. M. poco antes de su primer encuentro con los científicos de la Universidad de Iowa. Caminaba sola hacia casa alrededor de las diez de la noche en un barrio con problemas de criminalidad y drogas –la típica zona por la que uno no se atrevería ni siquiera a pasar con el coche por la noche– y, mientras atravesaba un parque, un hombre al que ella misma describió después como «colocado» la llamó desde el banco en el que estaba sentado.

En una situación como esta, la mayoría de nosotros bajaríamos la cabeza y apresuraríamos el paso. Sin embargo, S. M. se acercó al hombre con total tranquilidad.

Cuando ya estaba a su lado, el hombre saltó de repente y le agarró de la camisa, sentándole a la fuerza en el banco. Sacó un cuchillo y se lo puso en la garganta mientras susurraba: «¡Te voy a rajar, zorra!».

Pongámonos en el lugar de S. M. ¿Qué sentirías y pensarías en ese momento? Lo normal es que nuestro corazón acelerara su ritmo. La respiración se aceleraría y se volvería menos profunda, mientras que el cerebro se vería bombardeado por pensamientos marcados por el pánico.

S. M. no sufrió ninguna de estas sensaciones. Respondió a la amenaza de aquel hombre diciendo: «Si me vas a matar, vas a tener que vértelas primero con los ángeles de mi Dios». Es posible que ante aquella atrevida respuesta (reconozcámoslo, algo extraña también), el hombre se sintiera intimidado. Es posible asimismo que realmente no tuviera intención de cumplir su amenaza. El caso es que el hombre dejó marchar a S. M. y ella siguió caminando hacia casa tranquilamente, como si no hubiera pasado nada grave. Estaba enfadada, pero no asustada.[2]

S. M. no es físicamente fuerte ni es especialista en artes marciales, factores que podrían haberle dotado de la confianza que demostró tener en el momento en el que alguien le puso un cuchillo al cuello. La clave está en que el miedo no forma parte de su repertorio emocional. Recuerda haber sentido miedo en alguna ocasión cuando era niña, pero nunca en su vida adulta.

Los investigadores han tratado de despertar el miedo en S. M. de distintas formas, en ocasiones siguiendo métodos científicamente convencionales y en otros casos, no tanto.[3] Durante las entrevistas había confesado que no le gustaban las arañas o las serpientes, por lo que los investigadores decidieron llevarle a una tienda de animales exóticos en la que disponían de todo tipo de bichos y criaturas desagradables. En lugar de miedo demostró una inmensa curiosidad, pidiendo en numerosas ocasiones poder coger a distintas serpientes a pesar de haber sido avisada de que algunas eran peligrosas. También probó a tocar una tarántula, algo que incomodaría hasta a la persona menos propensa a la aracnofobia del mundo.

Los científicos llevaron a S. M. a una «casa encantada» situada en el hospital psiquiátrico de Waverley Hills en Louisville (Kentucky), un lugar que los entusiastas de lo paranormal consideran como una de las mecas del mundo oculto. Es probable que muchos de nosotros podamos dar un paseo por una de esas casas encantadas sin sentir verdadero temor, pero si empiezan a aparecer de repente personas disfrazadas de entre las sombras, lo más seguro es que nos llevemos más de un sobresalto y que hasta se nos escape algún grito.

Sin embargo, S. M. se paseó por la casa con una sonrisa en la cara e incluso se reía al ver los disfraces de los que trataban de asustarla. Llegó a sorprender a una de esas «criaturas» tocando su cabeza porque quería saber de qué estaba hecho el disfraz.

Finalmente los investigadores optaron por hacer que S. M. viera unas cuantas películas de terror: *La señal*, *El proyecto de la bruja de Blair* y *El resplandor*. Le parecieron películas entretenidas y por momentos emocionantes, pero en ningún caso sintió miedo. El total de respuestas de miedo registradas mientras vio seis películas clasificadas como de terror fue de exactamente cero.

Su incapacidad para sentir miedo ha hecho de S. M. uno de los casos médicos curiosos mejor documentados en la actualidad. Hoy tiene unos cincuenta y cinco años, y ha estado sometida a estudios exhaustivos durante al menos los últimos veinticinco años. Se espera que la explicación de su ausencia de miedo pueda ayudarnos a conocer mejor las causas de esta sensación en pacientes sanos.

Hay un factor más que resulta fundamental para comprender el trastorno de S. M.: sufre un trastorno genético extremadamente raro que se denomina «enfermedad de Urbach-Wiethe». No se trata de una enfermedad mortal, pero sí produce daño cerebral, especialmente en la región del cerebro situada cerca de la sien y que se denomina «lóbulo temporal». En lo más profundo del lóbulo temporal encontramos la amígdala, una estructura clave para las respuestas de miedo y también para la ausencia de estas en el caso de S. M.

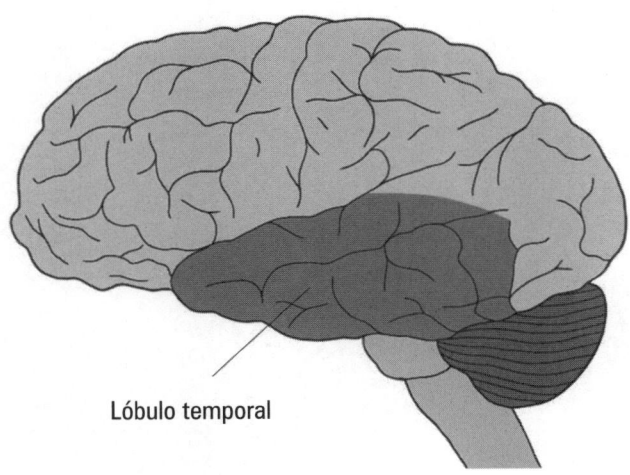

Lóbulo temporal

La almendra del cerebro

La palabra amígdala significa «almendra» y a esta estructura se le llama así porque tiene forma, pues eso, de almendra. La amígdala no se ve al examinar la superficie del cerebro. Se necesita un escalpelo y bastante destreza para diseccionar el cerebro y llegar hasta ellas. Solemos hablar de esta estructura en singular, pero en realidad hay dos amígdalas, una en cada lóbulo temporal.

Al igual que ocurre con otras partes del cerebro –dividido en dos mitades denominadas «hemisferios cerebrales» que mantienen un cierto grado de simetría–, en neurociencia nos referimos a la amígdala en singular a pesar de ser una estructura duplicada.

Cada amígdala contiene unos 12 millones de neuronas del total de 86 000 millones de las que se compone el cerebro.[4] Las neuronas son las células fundamentales sobre las que se construye el cerebro. La amígdala no es una estructura muy llamativa y ni siquiera se le consideró como región cerebral hasta principios del siglo XIX. Hubo que llegar a mediados del siglo XX para que los investigadores comenzaran a relacionar a la amígdala con determinadas funciones cerebrales. Eso sí, a partir de entonces su notoriedad ha crecido como la espuma.

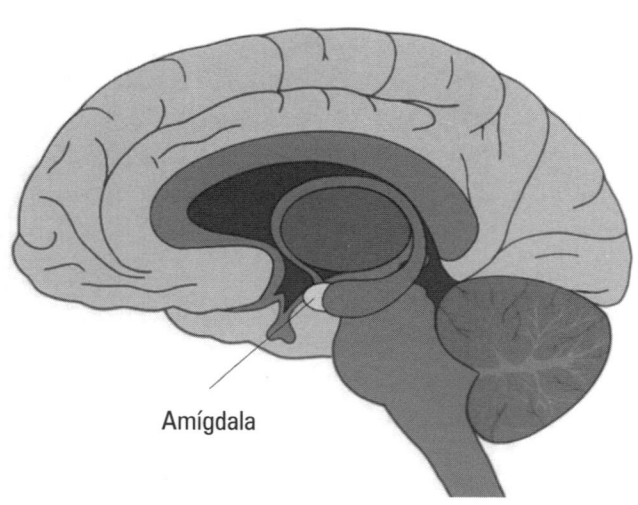

Amígdala

Monos, mescalina y la amígdala

En la década de 1930, el psicólogo germano-estadounidense Heinrich Klüver se enamoró de una droga psicodélica: la mescalina. La mescalina se obtiene de un pequeño cactus, el peyote, que crece en el suroeste de los Estado Unidos y en México. Sus efectos son similares en muchos aspectos a los del alucinógeno LSD. El interés de Klüver en la mescalina surgió a partir de su curiosidad por las imágenes vívidas generadas por nuestra mente y cuya aparición la mescalina es capaz de estimular. Su entusiasmo por el tema pareció llegar más allá de lo profesional y durante los experimentos se dedicaría él mismo al consumo de esta droga.[5]

A medida que avanzaba en su exploración de los efectos de la mescalina, Klüver comenzó a interesarse por la parte del cerebro sobre la que esta droga actuaba. Sospechaba que lo hacía sobre el lóbulo temporal.

Esta hipótesis se basaba en la observación de lo ocurrido cuando inyectaba grandes dosis de mescalina a monos. Los efectos secundarios que sufrían los animales se asimilaban a los de una epilepsia del lóbulo temporal, un tipo de trastorno de esta región que produce ataques epilépticos.

Para comprobar la validez de sus tesis, Klüver solicitó ayuda a un joven neurocirujano, Paul Bucy, con la intención de extirpar secciones del lóbulo temporal de los monos. Klüver pensaba que si el lóbulo temporal es la clave en el mecanismo de actuación de la mescalina, su extirpación dejaría sin efectos a esta droga. Klüver no podía ni imaginar que este experimento sería el responsable de que su nombre aparezca hoy en casi todos los libros de introducción a la neurociencia que se publican en el mundo.

Klüver y Bucy iniciaron su experimento con un ejemplar agresivo que se llamaba Aurora. Bucy extirpó los lóbulos temporales izquierdo y derecho de Aurora. El cambio en el comportamiento de Aurora sorprendió por completo a nuestros científicos. Repentinamente, la rebelde y hostil Aurora se había convertido en un animal tranquilo y manso. Observaron un buen número de comportamientos extraños, pero lo más destacable en ella era la aparente ausencia total de sentimientos de miedo o ira.

Cuando Klüver y Bucy publicaron sus investigaciones[6], su artículo se convertiría en el primer estudio en vincular el lóbulo temporal con las respuestas emocionales intensas.[7] Los efectos de las lesiones del lóbulo temporal equiparables a las infligidas a Aurora pasaron a conocerse como «síndrome de Klüver-Bucy».

Un par de décadas más tarde, allá por la década de 1950, el neuropsicólogo británico Larry Weiskrantz se dio cuenta de que podía reproducir la mayor parte de los efectos observados por Klüver y Bucy simplemente extirpando las amígdalas de los monos y no todo el lóbulo temporal.[8] Esta fue la primera vez que esta región casi desconocida del cerebro mereció algo de atención por parte de los investigadores.

Weiskrantz concluyó que la amígdala debe ser clave a la hora de permitir a los monos distinguir algo malo de algo bueno, una tesis que concuerda con la visión actual que los neurocientíficos tienen de las funciones de esta estructura del cerebro. Sin embargo, muchos de los científicos que siguieron los pasos de Weiskrantz se centrarían fundamentalmente en las experiencias negativas, dejando de lado el vínculo de la amígdala con las emociones positivas. Finalmente, una respuesta emocional acabaría relacionándose una y otra vez con la amígdala: el miedo.

Descubrir el miedo

Muchas de las evidencias que inicialmente vincularon al miedo con la amígdala procedían de experimentos basados en un tipo de aprendizaje denominado «condicionamiento del miedo». Estos experimentos consisten en tratar de convertir un estímulo que el sujeto –pongamos que se trata de una rata, puesto que suelen ser ratas los animales sometidos a estos experimentos– en principio no considera ni bueno ni malo –un pitido, por ejemplo– en algo categóricamente malo para la rata, como consecuencia de vincularlo con un estímulo negativo como puede ser una descarga eléctrica ligera. Repitiendo varias veces el ejercicio de hacer sonar el pitido antes de la descarga se consigue este objetivo.

Si repetimos el experimento un número suficiente de veces, la rata acabará por mostrar signos de miedo desde el momento en el que escucha el pitido, tanto si recibe la descarga inmediatamente después como si no. Este proceso a través del que se normaliza una respuesta determinada ante un estímulo previamente neutral –como es un pitido– se denomina «reflejo condicionado». Implica el aprendizaje y el establecimiento de una relación entre dos elementos que previamente no estaban vinculados en la mente. En este caso, el aprendizaje implica generar una reacción de miedo y por ello se trata de un miedo condicionado.

Cuando los científicos se detuvieron a estudiar el papel de la amígdala en el condicionamiento del miedo, muchos llegaron a conclusiones similares: las lesiones en la amígdala o en las vías neuronales que la conectan con otras áreas del cerebro alteran el aprendizaje de miedos condicionados.[9] Si, por ejemplo, se dañan las amígdalas de una rata y se pretende después que reconozca un pitido como señal indicativa de que está a punto de sufrir una descarga eléctrica, la rata no conseguirá establecer esa relación. Independientemente del número de veces que repitamos la secuencia pitido-descarga, una rata con lesiones en las amígdalas no reaccionará con miedo después de escuchar el pitido.

En otros estudios realizados en ratas con las amígdalas sanas, se estableció que las neuronas de estas estructuras se activan especialmente al escuchar el pitido.[10] Los estudios realizados con humanos obtuvieron resultados similares: la amígdala se activa cuando las personas aprenden a tener miedo a algo.[11] Por tanto, las evidencias apuntan a que la amígdala resulta fundamental en el aprendizaje relacionado con el miedo. Parece lograr fijar recuerdos en nuestra mente que nos ayudan a recocer elementos o situaciones de nuestro entorno potencialmente peligrosas.

La amígdala como sensor de amenazas

Hemos concluido, por tanto, que la amígdala tiene un papel fundamental en el aprendizaje del miedo. ¿Y qué ocurre a la hora de «experimentar» ese miedo? ¿Interviene también la amígdala en la generación de este tipo de emociones? Las evidencias de las que disponemos sugieren que así es. La amígdala se activa en el momento en el que nos enfrentamos a una amenaza y, además de crear un recuerdo en nuestra mente de esas situaciones, nos ayuda igualmente a identificarlas y responder ante ellas.[12]

La reacción típica ante una situación que nos asusta se suele denominar «respuesta de lucha o huida», por la sencilla razón de que al enfrentarnos a una amenaza nuestro organismo responde aumentando los niveles de alerta y energía con objeto de permitirnos responder a ese riesgo, bien luchando contra él, o –en el caso de los que somos pacifistas– sencillamente echando a correr. Se trata de un mecanismo que debió ser fundamental para el ser humano en tiempos prehistóricos en los que era mucho más habitual encontrarse en situaciones de vida o muerte, como tener que huir de un león. Esta respuesta ayuda a nuestro organismo a protegerse en este tipo de escenarios, por lo que la respuesta de lucha o huida fue clave para la supervivencia de nuestra especie en aquellos tiempos en los que los peligros mortales acechaban a la vuelta de cada esquina.

La amígdala podría ser la responsable de desencadenar la respuesta de lucha o huida. El proceso se inicia con la recepción de información por parte de la amígdala, datos recogidos en nuestro entorno por los sentidos (ojos, oídos, etc.). La cercanía de un peligro o de una amenaza potencial hace que las neuronas de la amígdala envíen señales a otras áreas del cerebro encargadas de aumentar nuestros niveles de energía, alerta y precaución. Por ejemplo, las señales llegan a una región denominada «hipotálamo», una estructura pequeña pero compleja del cerebro capaz de modificar nuestro estado de ánimo a través del control de las secreciones hormonales en el organismo.

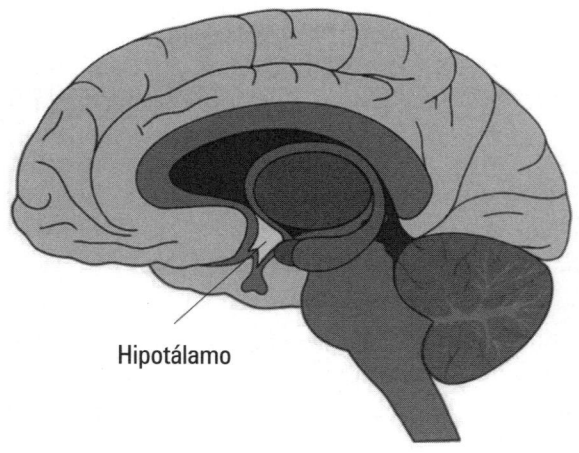

Hipotálamo

Estas hormonas pueden orquestar cambios diversos, como el aumento de la frecuencia cardiaca y respiratoria, la dilatación de las pupilas o la secreción de glucosa por parte del hígado. Al mismo tiempo, minimizan funciones no tan importantes en un momento así, como puede ser la producción de saliva con vistas a iniciar el proceso digestivo.

Todas estas alteraciones fisiológicas tienen sentido. Preparan al cuerpo para luchar o huir y, para conseguirlo, los niveles de oxigenación deben ser elevados, lo que permitirá que los músculos puedan contraerse. Los músculos necesitan también contar con suficiente energía (glucosa) para su contracción, mientras que la dilatación de las pupilas nos permite maximizar la recepción de luz y garantiza que no perdamos detalle de lo que ocurre en nuestro entorno.

Se trata de un proceso complejo que ocurre con asombrosa rapidez y que nos ayuda a afrontar muy diversos peligros. Desafortunadamente, nuestro cerebro no distingue demasiado bien qué situaciones suponen un riesgo suficientemente importante como para desencadenar la respuesta de huida o lucha y cuáles otras no. Hoy en día, la mayoría de nosotros rara vez nos enfrentamos a situaciones en las que resulte necesario responder de esta forma. Sin embargo, el cerebro no sabe aprovecharse de este periodo relativamente sosegado de nuestra historia como especie y no es capaz de rebajar la sensibilidad de sus detectores de amenazas. En su lugar, nos impulsa a activar la respuesta de lucha o huida ante situaciones como malentendidos sociales o incluso por culpa de nuestra propia ansiedad.

En cualquier caso, nos toca aceptar la existencia de la respuesta de lucha o huida con sus ventajas e inconvenientes, puesto que ha sido un elemento esencial para la supervivencia de nuestra especie desde el principio de los tiempos. Y podría ser peor. Cuando funciona correctamente, nuestro mecanismo de detección de amenazas nos proporciona una capacidad extraordinaria para analizar nuestro entorno y detectar inmediatamente cualquier peligro, dándonos la oportunidad de reaccionar en segundos. Aunque esto pueda ya parecernos algo impresionante, lo verdaderamente increíble es que la amígdala es capaz de detectar esas amenazas y desencadenar la respuesta de lucha o huida antes incluso de que nosotros mismos seamos conscientes de lo que está ocurriendo.

Tener miedo
sin saberlo

Imaginemos que nos dan mucho miedo las arañas (a muchos no nos va a hacer falta echarle demasiada imaginación). Visualicémonos andando por un frío y oscuro sótano lleno de telas de araña.

Las luces no funcionan y solo tienes una linterna que vas enfocando de un lado a otro por el suelo hasta que, de repente, la luz descubre una araña de unos quince centímetros de diámetro que avanza hacia ti.

Si te dan miedo las arañas (e incluso si no es así), se producirá en ti una reacción casi instantánea. Puede que dejes escapar un gritito y te pongas a correr en dirección contraria –o al menos eso es lo que haría yo–, para acabar tropezando y cayendo por las escaleras. Durante todo este proceso, el cuerpo estará experimentando los cambios que hemos descrito anteriormente: aumento de la frecuencia cardiaca y respiratoria, dilatación de las pupilas, etc. Es posible, e incluso probable, que estas respuestas hayan sido desencadenadas por la amígdala.

Si alguien nos pidiera ordenar en una lista las cosas que han ocurrido en nuestro cerebro durante el incidente arácnido, probablemente pensarías que antes de asustarte habrá sido necesario reconocer conscientemente la presencia de la araña en el suelo del sótano. De no ser así, ¿cómo podríamos habernos asustado?

Sin embargo, algunos investigadores opinan que la amígdala puede activarse e iniciar una respuesta de miedo antes incluso de que seamos conscientes de la existencia de un elemento capaz de provocarnos miedo.[13] Para tratar de entender este proceso vamos a tener que presentar a otra de las regiones del cerebro: la corteza o córtex cerebral. Se trata de la capa más externa del cerebro y tiene un grosor máximo de unos 4,5 milímetros. Al tratarse de la superficie del cerebro, es probable que sea la parte más reconocible de este para la mayoría de nosotros. El tejido de la corteza se pliega sobre sí mismo repetidamente formando los surcos y crestas típicos que definen visualmente la apariencia de la superficie del cerebro.

Cortex significa «corteza» en latín, refiriéndose a la corteza de los árboles. Los primeros neuroanatomistas eligieron este término ya que al principio se creía que esta parte del cerebro no servía más que para cubrir y proteger otras regiones más importantes de este órgano.

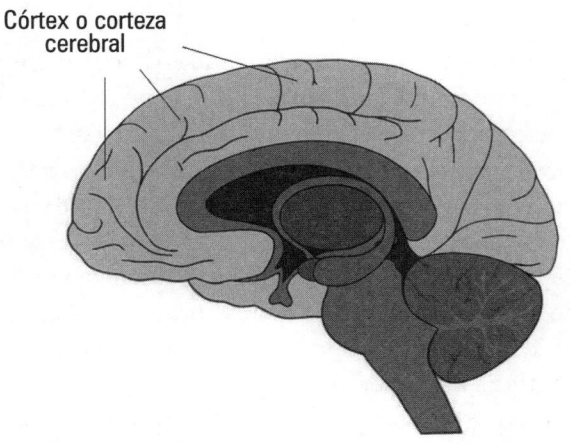

Córtex o corteza cerebral

En la actualidad se sabe que la corteza es una estructura fundamental en la realización de tareas cognitivas avanzadas (por ejemplo, en la toma de decisiones, la memoria, el juicio, la planificación o la resolución de problemas). Son esas funciones que normalmente identificamos con el pensamiento humano. Se encarga además de colaborar en la realización de otra larga lista de funciones que van desde la percepción sensorial al movimiento.

Cuando nos relacionamos con nuestro entorno, la información visual recibida a través de los ojos es procesada en la corteza cerebral. La corteza nos ayuda a identificar elementos que pueden ser relevantes y envía esa información a otras regiones del cerebro con objeto de coordinar una respuesta ante este estímulo. Si vemos algún elemento a nuestro alrededor que parezca amenazador, la corteza enviará la señal a regiones como la amígdala para que esta active algunos de los mecanismos ya mencionados (por ejemplo, activación del hipotálamo) e inicie, en su caso, la respuesta de lucha o de huida.

De esta forma, la corteza tiene un papel integral en la identificación de elementos en nuestro entorno dignos de atención y organiza además la respuesta adecuada en cada caso. Se piensa que el procesamiento que se produce en la corteza cerebral es fundamentalmente consciente: para cuando la información visual ha llegado a la corteza y la corteza ha detectado algún elemento relevante en ella, somos conscientes de la presencia de dicho elemento en nuestro entorno.

La vía alternativa en un escenario como el descrito anteriormente con la araña −o cualquier otra situación capaz de amedrentarnos− consiste en el envío directo de la información visual a la amígdala, antes incluso de que la corteza cerebral se entere de lo que pasa. Si la corteza no procesara esta información, no llegaríamos a ser conscientes de lo ocurrido. La amígdala, sin embargo, seguirá siendo capaz de reaccionar ante un acontecimiento amenazante y podría en consecuencia desencadenar la respuesta de lucha o huida. Podría incluso provocar reacciones instintivas en nosotros, como la emisión de un grito o el inicio de la carrera en dirección contraria a la amenaza.

Por supuesto que, incluso en este último caso, la corteza acabará por procesar la información visual disponible. Simplemente tarda un poquito más en asimilar los datos, y ese poquito es muy poquito: la amígdala logra activarse solo unas décimas de segundo antes que la corteza. De hecho, todo ocurre tan deprisa que ni siquiera somos conscientes de que el miedo como respuesta se haya producido antes del reconocimiento consciente de aquello que nos ha producido ese miedo.

CONTROLAR LOS MIEDOS

Cuando experimentamos una respuesta de tipo lucha o huida, el cerebro suele responder a los cambios fisiológicos −como el aumento del ritmo cardiaco− amplificando la propia sensación de miedo y peligro. Reconoce que el ritmo cardiaco aumenta cuando hay una amenaza cerca, por lo que la aceleración del pulso le sirve al cerebro como confirmación de la existencia de ese peligro (se trata de un razonamiento circular, ya que fue el cerebro el que aceleró el pulso inicialmente, pero es que el cerebro a menudo se comporta de manera ilógica). Se entra así en un círculo vicioso en el que la respuesta de lucha o huida exacerba la sensación de miedo, que intensifica la magnitud de la respuesta de lucha o huida, y así sucesivamente. Por tanto, uno de los mecanismos para controlar el miedo consiste en aprender técnicas de relajación del cuerpo. La práctica de la respiración profunda, de la meditación *mindfulness* y de otras técnicas similares resulta útil antes de vivir acontecimientos que pudieran generarnos miedo y nos ayudan a mantener la compostura. Contribuirán a que nuestra mente disfrute de una mayor probabilidad de mantenerse serena.

¿Por qué ha desarrollado el cerebro un sistema tan rápido para procesar el miedo que incluso algunas regiones clave del cerebro son las últimas en enterarse de que hay motivos para tener miedo? Se trata de nuevo de una cuestión de supervivencia, de la supervivencia de nuestros antepasados primates hace muchísimo tiempo. En tiempos prehistóricos, la habilidad para saltar como un resorte y evitar a una serpiente –sin tener que parar a pensar si la serpiente en cuestión es peligrosa o no– podía suponer la diferencia entre vivir o morir. Aquellos con la capacidad para identificar amenazas con celeridad tenían una mayor probabilidad de sobrevivir.

Y dado que sobrevivían, tendrían igualmente más probabilidad de reproducirse y de que su descendencia heredara características similares, incluido un cerebro con la capacidad de detectar rápidamente cualquier amenaza.

La «centralita» del miedo

A medida que se iba reconociendo el papel crucial de la amígdala en el aprendizaje del miedo, la detección de amenazas y el desencadenamiento de la respuesta a esas amenazas, algunos investigadores comenzaron a referirse a esta estructura como la «centralita» del miedo del cerebro.

Esta visión sobre la amígdala llegó a saltar las fronteras de la comunidad científica y se introdujo en la cultura popular. En 2007, un episodio de la popular serie de televisión *Boston Legal* trataba sobre el juicio a un policía que había disparado y matado a un hombre negro después de confundir la lata de refresco que llevaba en la mano con una pistola.[14] Afortunadamente, uno de los forenses que testificaron analizó la actividad de la amígdala del policía acusado –lo hizo a través de una técnica denominada «resonancia magnética funcional» o RMf que permite visualizar la actividad cerebral– mientras se le mostraban imágenes de personas de diferentes razas. Basándose en esta evidencia, el forense testificó que podía establecer con «altísima probabilidad» que el acusado era racista, ya que su amígdala mostraba más actividad cuando se le mostraban imágenes de hombres negros. Debe precisarse que el guionista hizo aquí uso de su licencia creativa, puesto que una RMf como prueba no demostraría que alguien es racista y no sería válida –al menos eso debemos esperar– en un tribunal de justicia.

Otro ejemplo de cómo la amígdala se ha hecho un hueco en la cultura popular lo encontramos en la película de 2016 *Capitán América: Civil War*. En una de sus escenas, el androide Visión habla con Wanda, la Bruja Escarlata. Wanda está tratando de unirse a los Vengadores, a pesar de haber luchado contra ellos en el pasado. Como es lógico, los Vengadores no confían demasiado en Wanda y Visión le explica a esta que lo que les pasa es que experimentan «una respuesta involuntaria de su amígdala. No pueden evitar tenerte miedo».[15]

En conclusión, la amígdala ha alcanzado un estatus especial entre las regiones del cerebro, ya que son pocas las que han logrado ser tan conocidas fuera de la comunidad científica. Sin embargo, esta idea de que la amígdala es una estructura cerebral dedicada exclusivamente al miedo y de que todo lo relacionado con el miedo se procesa en ella tiene un problema: no parece que sea cierta.

Más allá del miedo

Cuando hablamos de una centralita del miedo en el cerebro, se entiende que esa zona se dedica exclusivamente a generar la sensación de miedo y que, por tanto, cualquier episodio relacionado con el miedo tendrá su origen en ella. Sin embargo, se cuenta en la actualidad con abundantes pruebas de que la amígdala hace muchas otras cosas además de darnos sustos.

Por ejemplo, aunque la amígdala se activa para generar recuerdos de miedo, también participa en la creación de aprendizajes positivos, como la obtención de una recompensa en un experimento o las sensaciones que se tienen al consumir una droga adictiva. Por tanto, al igual que muchos experimentos han demostrado que una amígdala dañada impide los aprendizajes negativos, otros han probado que esas lesiones inhiben igualmente la capacidad para crear recuerdos positivos.[16]

En la actualidad, los neurocientíficos asignan a la amígdala un papel más complejo que el de un simple detector de amenazas y generador de miedos. Se piensa que está involucrada en todos los procesos de evaluación de los elementos de nuestro entorno con objeto de establecer su importancia relativa –si se le debe asignar un valor positivo o negativo– y en la gestión de las respuestas emocionales ante aquellos elementos externos capaces de llamar nuestra atención, creando al mismo tiempo un recuerdo sobre su relevancia. Por tanto, la amígdala interviene en todas aquellas experiencias que son suficientemente relevantes para nosotros, no solo en aquellas que nos producen miedo.

Y lo que es más importante. Ni siquiera resulta imprescindible que contemos con una amígdala funcional para experimentar miedo. ¿Recuerda el lector a S. M., la mujer que no sentía miedo? Después de años tratando de infundirle miedo, los investigadores finalmente consiguieron hacerlo en 2013. De hecho, se pasaron de frenada puesto que S. M., además de sentir miedo, sufrió un fuerte ataque de pánico.[17]

El pánico se produjo como consecuencia de respirar aire con un 35 por ciento de dióxido de carbono (CO_2). Normalmente se experimenta una sensación de dificultad al respirar, de falta de aire, por lo que no sorprende que se relacione con reacciones de miedo y pánico. Dado que S. M. se había mostrado indiferente ante tantas experiencias potencialmente aterradoras, los investigadores esperaban que su reacción a la inhalación de CO_2 fuera igual de tibia. No fue así.

Los científicos decidieron realizar la misma prueba con otros dos pacientes con lesiones en la amígdala y estos también sufrieron ataques de pánico. Este experimento sugiere que, incluso sin una amígdala funcional, los humanos podemos experimentar al menos algunos tipos de miedo.

Desde que se describiera por primera vez el caso de S. M., se han documentado otros casos en los que las lesiones en la amígdala no impedían al sujeto experimentar miedo. Por ejemplo, un artículo publicado en 2012 describía el caso de dos gemelas a las que la enfermedad de Urbach-Wiethe había causado graves daños en sus amígdalas.[18] Mientras que una de las gemelas parecía no temerle a nada, como ocurría con S. M., la otra presentaba reacciones casi normales de miedo. Al estudiar el cerebro de esta última, los investigadores observaron que otras regiones distintas a la amígdala se activaban al mostrarle, por ejemplo, caras asustadas. Aparentemente recurría a áreas distintas de su cerebro para realizar aquellas tareas que normalmente le correspondían a la amígdala.

Se cuenta hoy con una serie de evidencias que apoyan la tesis de que son varias las regiones del cerebro que se encargan de procesar el miedo y replicar las funciones de la amígdala, como puede ser la de desencadenar la respuesta de lucha o huida. Por tanto, el miedo no es un proceso exclusivamente controlado por la amígdala y no es necesaria la participación de esta estructura para sentir miedo. Describir a la amígdala como «centralita del miedo» es, en consecuencia, algo exagerado.

Una nueva visión del miedo

La mayoría de los científicos están abandonando la idea de que el cerebro se componga de diferentes «centralitas» equipadas cada una de ellas para la realización de determinadas funciones cognitivas. Admiten ahora que son grandes redes neuronales, que se extienden por la mayor parte del cerebro, las que se encargan de la realización de funciones complejas. Además, un área específica puede participar en diferentes redes y, por tanto, en la ejecución de diversas tareas. Finalmente, parece que son además varias las regiones del cerebro capaces de realizar una misma tarea.

Independientemente de todo ello, la amígdala sigue considerándose una estructura clave en todo lo relacionado con el miedo. Simplemente ahora se sabe que colabora con varias zonas del cerebro y que el procesamiento del miedo depende de esas interconexiones entre todas ellas, no solo de la actividad de la amígdala. El cerebro puede experimentar ciertos tipos de miedo incluso cuando la amígdala no funciona y lo hace recurriendo a otras zonas del cerebro que podrían intervenir en las respuestas habituales al miedo. La referencia a «ciertos tipos de miedo» es importante, puesto que los investigadores piensan que la causa del miedo determina la red neuronal específica que se encargará de procesar ese miedo en el cerebro. El miedo al dolor, por ejemplo, podría activar una red diferente a la que se activa cuando alguien quiere pegarnos.

Obviamente, esta visión añade un grado adicional de complejidad a la comprensión de las emociones, puesto que los neurocientíficos no pueden ya centrarse en analizar un único lugar del cerebro en el que se procese el miedo. Ni siquiera pueden centrarse en un grupo de regiones cerebrales encargadas de procesar emociones. Deben ahora identificar la red neuronal específica y activa a lo largo de distintas regiones del cerebro que se encargará de procesar cada tipo de miedo. ¿Y quién es capaz de decir cuántos tipos de miedo existen?

Cuando el miedo se tuerce

Así que el miedo es complicado, además de resultar molesto, ¿verdad? A nadie le gusta experimentar miedo –a no ser que se sea capaz de controlarlo por completo, como si se tratara de una película de terror cuya reproducción pudiéramos detener en cualquier momento– y podríamos incluso pensar que la vida resultaría más sencilla si pudiéramos evitar sentirlo.

Sin embargo, lo cierto es que el miedo es una emoción de una importancia indiscutible. Nos sirve de aviso de que algo no va del todo bien a nuestro alrededor o bien nos alerta de que nos enfrentamos a una amenaza real. Pensemos en todas esas veces a lo largo de nuestra vida en las que hemos decidido no hacer algo peligroso porque creemos que el riesgo es excesivo. Después nos alegramos de haber tomado esa decisión. El miedo es uno de los elementos que intervienen en ese proceso de toma de decisiones y, en ocasiones, contribuye a que esa decisión nos salve la vida. No es casualidad que comúnmente se hable del «miedo sano» en términos positivos a la hora de afrontar ciertos comportamientos de riesgo.

ARAÑAS, SERPIENTES Y MIEDOS ADQUIRIDOS

¿Te has preguntado alguna vez por qué es tan habitual que tengamos miedo a las arañas o a las serpientes cuando en realidad estas criaturas suponen un riesgo bastante limitado para los humanos hoy en día? Muchos científicos piensan que estos miedos son, en parte, instintivos. Según esta tesis, aunque hoy es poco frecuente que alguien muera por una picadura de araña o mordedura de serpiente, es posible que sí fueran acontecimientos muy peligrosos para nuestros antepasados primates. Aquellos ejemplares que presentaban un miedo natural más marcado a las arañas o a las serpientes se mostrarían más cautelosos y reducirían con ello la probabilidad de morir por el ataque inesperado de una de estas criaturas. Estos rasgos se transmitirían genéticamente de generación en generación hasta llegar a nosotros hoy convertidos en un miedo más bien irracional.

Así que necesitamos sentir miedo. Casi como con cualquier otra cosa, la moderación es la clave y el exceso puede suponer un problema. El miedo excesivo puede llegar a transformarse en fobia, una sensación de temor de gran intensidad y de carácter irracional centrada en un elemento en particular.

Igualmente podemos sufrir una ansiedad generalizada como consecuencia de diversas preocupaciones, de tal gravedad que el miedo llegue a atenazar nuestra vida. A veces nos puede parecer que tenemos una gran capacidad para generar el recuerdo correspondiente a una experiencia aterradora, una capacidad demasiado buena, tanto que luego nos resulta casi imposible dejar de recordar ese acontecimiento.

Tomemos, por ejemplo, el caso de un hombre israelí de veintinueve años –le llamaremos Noam– que fue víctima de un horrible ataque en la ciudad vieja de Jerusalén. El 2 de julio de 2008, un trabajador de la construcción palestino se puso a los mandos de un dúmper de obra (uno de estos vehículos con un volquete en la parte delantera para transportar materiales) y comenzó a embestir a los vehículos que se encontró en su camino. En el primer coche contra el que chocó había una madre y su hijo, resultando la madre decapitada. A continuación hizo volcar a dos autobuses dejando atrapados en el interior a sus pasajeros. El atacante fue finalmente disparado y murió, pero antes había matado a tres viandantes y herido a otros treinta.

Noam era uno de los pasajeros de esos autobuses. Reaccionó con valentía, ayudando a escapar a otros pasajeros antes de ponerse él mismo a salvo. No resultó herido y, sin embargo, no ha sido capaz de quitarse de la cabeza aquella experiencia traumática. Noam sufría *flashbacks* repetitivos del ataque en cualquier momento del día y empezó a experimentar pesadillas extraordinariamente vívidas. Durante los *flashbacks* y las pesadillas conseguía rememorar hasta el más minúsculo detalle del ataque y la intensidad de esas imágenes le resultaba perturbadora. Los *flashbacks* desencadenaban en él una intensa reacción de lucha o huida y tanto su mente como su cuerpo se sentían como si hubieran retornado a los momentos más crudos de aquel ataque. Comenzó a tener problemas de sueño y de concentración, volviéndose una persona propensa al sobresalto. Hasta la más pequeña de las sorpresas era capaz de sacarle de sus casillas.[19]

Se trata de un caso clásico de trastorno por estrés postraumático (TEPT). El TEPT es un problema psiquiátrico que una persona puede sufrir tras experimentar una situación traumática y que implica revivir de forma repetida dicha situación a través de *flashbacks* o pesadillas. El recuerdo repetitivo acaba por generar sentimientos y síntomas negativos, algunos de los cuales son asimilables a los de la depresión, como sentirse aislado, tener dificultades para experimentar emociones positivas o culparse a uno mismo de la ocurrencia de aquel acontecimiento traumático.

Otros síntomas pueden ser las dificultades para dormir o concentrarse, la sensación de vivir «al límite», la irritabilidad y la agresividad. El TEPT puede producir problemas graves y acaba por ser el responsable de algún tipo de discapacidad en aproximadamente la mitad de las personas que lo sufren.

Los investigadores no saben qué produce el TEPT, pero la mayoría de las hipótesis apuntan a la amígdala por un motivo u otro. Por supuesto, esto puede deberse a una aproximación sesgada al problema, ya que los científicos conocen de antemano la relación entre el miedo y la amígdala y pueden verse inclinados a centrar sus investigaciones en esta zona del cerebro al estudiar cualquier trastorno relacionado con el miedo.

Independientemente de todo ello, cuando se estudia el cerebro de un paciente con TEPT a través de un escáner cerebral, la amígdala se muestra hiperactiva si se expone a dicho paciente a algún elemento relacionado con el trauma sufrido, como puede ser una fotografía o una narración del evento.[20] De hecho, sus amígdalas tienden a sobrerreaccionar a un conjunto variado de elementos genéricos relacionados con el miedo, como las expresiones faciales de temor que S. M. no era capaz de reconocer.[21]

Así que, parte del problema en los casos de TEPT sí tiene que ver con una amígdala hipersensible que continúa creyendo que los recuerdos de un acontecimiento pasado siguen suponiendo una amenaza tan real como el acontecimiento en sí mismo. Sin embargo, es obvio que la amígdala no actúa en solitario. Por ejemplo, se sabe que otra región del cerebro denominada «corteza prefrontal» es capaz de regular la actividad de la amígdala. La corteza prefrontal es la parte de la corteza que se encuentra en la zona delantera del cerebro. Se cree que es especialmente relevante para el desarrollo de algunas de las funciones cognitivas avanzadas que realiza la corteza y que ya hemos mencionado (como el discernimiento y la resolución de problemas). Existen vías que enlazan la corteza prefrontal con la amígdala y se piensa que ayudan a la amígdala a reconocer cuándo un elemento no supone realmente una amenaza inmediata.

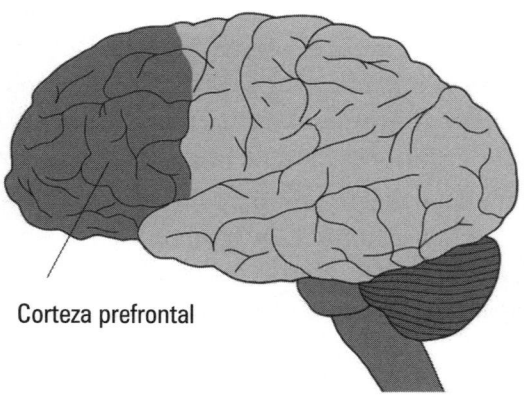

Corteza prefrontal

Estas conexiones podrían formar parte de un mecanismo que permite atenuar la actividad de la amígdala si la corteza prefrontal considera innecesaria su activación, por lo que una disfunción de esta explicaría el problema en los pacientes con TEPT.

También se cree que, en los casos de TEPT, algo falla a la hora de fijar el recuerdo original del acontecimiento en cuestión. Es como si el recuerdo fuera «demasiado bueno», generando una representación vívida y duradera del trauma sufrido que consigue que, al recordarlo, le parezca al paciente que lo está viviendo de nuevo. Esta formación de recuerdos patológicamente intensa se relaciona con la acción de un neurotransmisor: la norepinefrina.

Los neurotransmisores son compuestos químicos que las neuronas utilizan para comunicarse entre sí. Se cree que hay más de cien neurotransmisores distintos, aunque sabemos muy poco sobre la mayoría de ellos. La norepinefrina, también conocida como noradrenalina, es uno de los químicos cerebrales mejor estudiados y una de sus funciones conocidas es la de colaborar en el desencadenamiento de muchas de las reacciones fisiológicas que configuran la reacción de lucha o huida. Los científicos creen que también estimula la amígdala promoviendo la formación de recuerdos intensos relacionados con acontecimientos dotados de una gran carga emocional. Cuando se produce un evento especialmente intenso, aumenta la actividad de la epinefrina y la amígdala se ve sobreestimulada, lo que provoca la creación de un recuerdo igualmente intenso.

El TEPT, por tanto, parece corresponderse con un problema de exceso de celo: el cerebro hace su trabajo «demasiado bien», cuando sería más útil hacerlo moderadamente bien. En caso de supervivencia, resulta útil recordar cada detalle de una experiencia traumática. Nuestros antepasados cazadores-recolectores pudieron haber usado este tipo de datos para recordar animales, alimentos o lugares que conviene evitar. Sin embargo, en el TEPT estos recuerdos sobre aquello de lo que debemos rehuir producen efectos negativos que superan con creces su utilidad.

Este ejemplo de cómo el cerebro encuentra una estrategia de supervivencia y se obstina en utilizarla hasta el punto de hacerla contraproducente no es un caso aislado. Se podría argumentar que muchos de los trastornos psiquiátricos que sufrimos surgen de comportamientos inicialmente beneficiosos en pequeñas dosis.

Pero nuestro cerebro es así, como un niño. No puede evitar aferrarse a aquellas conductas que demostraron serle útiles en el pasado, sin ser capaz de reconocer que su utilidad se ha reducido considerablemente. El cerebro está satisfecho con ver que seguimos vivos y es incapaz de detectar que está sacrificando la salud psicológica a largo plazo, y en algunos casos también la física, a cambio de una percepción de seguridad en el corto plazo.

DOS

Memoria

Jill Price no fue una estudiante demasiado brillante cuando era joven. En el instituto aprobaba sin más. No le gustaban las ciencias, a duras penas aprobaba la geometría y le costaba memorizar las grandes fechas históricas (algo que, como veremos a continuación, resulta especialmente sorprendente). «Tenía que estudiar mucho», decía. «No soy ningún genio».[1]

Sin embargo, si le formulamos las preguntas adecuadas, nos parecerá que lo es. Si elegimos una fecha aleatoria entre 1980 –cuando tenía catorce años– y el día de hoy, Jill será capaz de decirnos qué día de la semana fue, recordar una efeméride ocurrida en esa fecha y rememorar todo lo que hizo durante aquel día, incluidos detalles tan nimios como lo que cenó. Es impresionante que su cerebro contenga toda esta información.

Cuando los investigadores le dieron la fecha del 27 de abril de 1994, por ejemplo, Jill respondió: «Era miércoles... y yo estaba en Florida. Me llamaron para poder despedirme de mi abuela, puesto que todos creían que se iba a morir. Había llegado a Florida el día 25 que era lunes. Aquel fin de semana había muerto también Nixon».[2] El lector puede comprobar que los días de la semana son los correctos y que Nixon murió exactamente el 22 de abril. Jill ha tenido que responder a las preguntas de los investigadores sobre montones de fechas y siempre pudo proporcionar informaciones similares.

¿Cómo lo consigue? ¿Se estudia los calendarios y se aprende su diario al tiempo que memoriza una lista cronológica de los acontecimientos históricos más importantes? Cuando alguien ve a Jill desplegar sus talentos por primera vez, podría sospechar que es así como lo consigue. No parece tener otra explicación.

Sin embargo, algunos de los más grandes científicos expertos en memoria del mundo están convencidos de que su capacidad de memorización autobiográfica es real y posiblemente del todo involuntaria.

Jill se dio cuenta por primera vez de que su recuerdo de los acontecimientos vividos era extraordinariamente realista a los doce años. A los catorce años era ya capaz de recordar minuciosamente lo ocurrido en un día cualquiera, aparentemente sin esfuerzo alguno. No se sabe por qué razón comenzó a tener esta extraordinaria capacidad de memoria en 1980, pero a partir de ese año describe su memoria como automática:

«Dime una fecha y la visualizo. Puedo volver a ese día y visualizarlo, así como todo lo que hice durante él».[3]

A principios de la década del 2000, Jill envió un correo electrónico al reconocido investigador de la memoria James McGaugh explicándole sus capacidades memorísticas. Después de que McGaugh y sus colegas publicaran un artículo científico describiendo su extraño caso, surgieron muchas otras personas que decían experimentar un fenómeno similar. Esta condición se denomina «hipertimesia» o *memoria autobiográfica altamente superior* (HSAM, por sus siglas en inglés). Los investigadores siguen sin conocer sus causas.

A pesar de que podría pensarse que la HSAM es un don, a Jill le cuesta convivir con ella. «Mi memoria controla mi vida», cuenta. «Rememorar al completo toda mi vida cada día es una verdadera carga».[4]

El caso de Jill Price representa una situación extrema en la que la buena memoria puede suponer una desventaja. En general, la memoria es un elemento esencial de un cerebro sano y funcional. Después de todo, nuestros recuerdos definen quiénes somos, nos orientan en las decisiones del día a día y tienen una influencia determinante sobre nuestro grado de satisfacción con la vida. El hecho de que la memoria sea un elemento fundamental de la consciencia ha llevado a la neurociencia a estudiarla con gran interés.

Principios básicos sobre la memoria

Los psicólogos y otros investigadores de la memoria saben desde hace tiempo que el cerebro utiliza diferentes «tipos» de memoria en nuestra vida mental diaria.

Es probable que la forma más sencilla de clasificar estos tipos de memoria consista en distinguir dos categorías: «largo plazo» y «corto plazo».

La memoria a corto plazo se utiliza cuando nos encontramos con alguna información nueva que el cerebro almacenará durante un breve periodo de tiempo (treinta segundos o menos). Mientras el cerebro conserve ese recuerdo, podremos utilizarlo para realizar alguna tarea o darle cualquier uso, tanto directo como en un futuro inmediato. Por ejemplo, cuando leemos la carta de un restaurante, utilizaremos la memoria a corto plazo para anotar mentalmente el plato que deseamos pedir, cerraremos la carta y esperaremos a que nos atienda el camarero. Si al lector le ocurre lo que a mí, para cuando llegue el camarero se verá obligado a abrir la carta de nuevo para recordar el nombre del plato. Esto se debe a que la información se había registrado en la memoria de corto plazo, siendo eliminada al no habérsele dado un uso inmediato.

CÓMO CONVERTIRSE EN UN CAMPEÓN DE LA MEMORIA

¿Quieres tener la memoria necesaria para ganar el Campeonato Mundial de Memoria? (Sí, se trata de un campeonato real). Existe un método de memorización tan viejo como la Antigua Grecia y que sigue siendo uno de los favoritos entre los participantes en el Campeonato Mundial de Memoria. Se trata del «método de loci» que consiste simplemente en recrear una imagen mental de un lugar que conozcamos bien (como puede ser una habitación de nuestra casa), a continuación hacer una lista de las cosas que se pretende recordar y vincular cada una de esas cosas con un objeto de la habitación. Por ejemplo, para recordar las manzanas de la lista de la compra, podemos pensar en el pomo de la puerta como representación de la manzana. Es sorprendente la facilidad con la que se logra memorizar una lista de la compra aplicando este sistema. En los Campeonatos Mundiales de Memoria también se ha utilizado para alcanzar logros como la memorización del orden de las cartas de una baraja ¡en tan solo veintiún segundos!

Aquellos recuerdos que permanecen en nuestro cerebro durante días, semanas o incluso durante toda una vida son los que se consideran recuerdos de largo plazo. Este capítulo se va a centrar principalmente en este tipo de recuerdos, ya que son estos en los que la mayoría de nosotros pensamos al hablar de memoria. Estos recuerdos construyen nuestro marco de referencia y nuestra percepción de nosotros mismos, además de proporcionarnos las bases del conocimiento que nos ayuda a navegar el día a día en nuestras vidas.

La distinción entre memoria a corto y largo plazo está bastante bien establecida, aunque los investigadores en este campo nos dirán que existen otros tipos de memoria además de estos dos. La memoria sensorial, por ejemplo, es otra forma de memoria que genera recuerdos de desaparición rápida, aunque perduran el tiempo suficiente como para enviar información sensorial al cerebro y permitir que este extraiga datos relevantes.

Incluso sin ser conscientes de ello, conocemos de sobra el funcionamiento de esta memoria sensorial. El movimiento de una bengala o cualquier pequeña luz brillante en la oscuridad nos permite experimentarlo conscientemente. El movimiento nos creará la sensación visual de una estela de luz que desaparece rápidamente. Esta estela no se debe a ningún fenómeno físico, es decir, no existe. Se trata de una manifestación de la memoria sensorial que emana del recuerdo momentáneo de la imagen de la luz en movimiento en el lugar en el que estaba solo unas décimas de segundo antes.

Muchos investigadores de la memoria creen que existe además otro tipo de memoria que perdura algo más que la memoria a corto plazo, pero no tanto como la de largo plazo. Se trata de la «memoria a medio plazo», esto es, información que permanece en nuestro cerebro durante más de treinta segundos, pero cuyo recuerdo es improbable que permanezca durante semanas o años. Por ejemplo, es probable que recordemos lo que hemos desayunado esta mañana, pero no podemos esperar recordar este dato dentro de un año (a no ser que durante el desayuno ocurra algo fuera de lo normal).

Es probable que creamos que ya hemos definido suficientes categorías de memoria, pero lo cierto es que los investigadores también clasifican los recuerdos en función del tipo de información almacenada. La principal distinción en este campo se establece entre la «memoria declarativa» y la «memoria no declarativa». La memoria declarativa se refiere estrictamente a información, pudiendo tratarse de hechos (por ejemplo, hay siete continentes en el planeta) o de información autobiográfica (por ejemplo, mis padres me dieron una fiesta sorpresa cuando cumplí dieciséis años).

La memoria no declarativa se refiere a recuerdos que orientan nuestro comportamiento de manera inconsciente. Acciones como atarse los zapatos, cepillarse los dientes o montar en bicicleta entran dentro de esta categoría. Está claro que nuestro cerebro tiene un recuerdo de cómo realizar dichas acciones, pero no necesitamos rememorar conscientemente ese recuerdo para poder ejecutarlas. De hecho, si tratamos de pensar conscientemente en cómo hacer alguna de estas cosas podríamos incluso complicarnos la tarea.

Asociaciones y formación de recuerdos

Para que el cerebro forme un recuerdo necesita ser capaz de establecer una «asociación». En otras palabras, debe tener la capacidad de conectar diferentes elementos, como percepciones sensoriales, conceptos y estados emocionales (o cualquier combinación de ellos), a pesar de que dichos elementos pudieran no tener una relación previa entre sí. Para que el recuerdo sea duradero y útil, estas asociaciones deben establecerse de tal forma que cualquier pista, por ligera que sea, haga que el cerebro recupere vívidamente todos esos elementos en conjunto.

Estas asociaciones se establecen a nivel neuronal y para comprender su proceso de formación debemos primero explicar brevemente el mecanismo de comunicación entre las neuronas. La mayoría de las neuronas de nuestro cerebro –incluso las que se comunican entre sí con bastante frecuencia– no están en contacto unas con otras. Están separadas por un espacio microscópico denominado «hendidura sináptica». Se trata de un hueco verdaderamente minúsculo puesto que tan solo 20-40 nanómetros separan a una neurona de otra (si lo comparamos, un pelo humano tiene un grosor de 80 000-100 000 nanómetros).

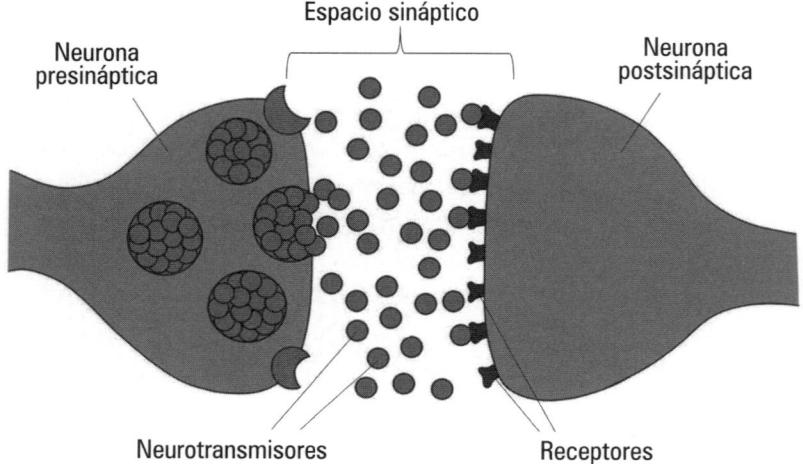

Para atravesar la hendidura sináptica, una neurona –denominada «neurona presináptica» al ser la que está antes de la hendidura si lo analizamos desde el punto de vista de la dirección de envío del mensaje– deberá emitir neurotransmisores capaces de cruzar el hueco y conectarse con unas proteínas, los «receptores», presentes en la neurona situada al otro lado de la hendidura (la «neurona postsináptica»). Cuando los neurotransmisores se unen a esos receptores, se produce una alteración de la neurona postsináptica que implicará una mayor o menor propensión a activarse y retransmitir el mensaje hacia la siguiente neurona. La estructura de las comunicaciones neuronales depende por completo de cada una de estas encrucijadas (formadas por la neurona presináptica, la neurona postsináptica y la hendidura sináptica) en la que dos neuronas logran conectarse y que se conocen como «sinapsis».

Volvamos ahora al proceso de conexión entre las neuronas y tratemos de entenderlo de manera simplificada. Imaginemos que en el cerebro tuviéramos neuronas individuales asignadas a conceptos específicos. Por ejemplo, una neurona se dedicaría a representar el concepto de amígdala (el órgano del que hablamos anteriormente) y otra representa el concepto de miedo.

Obviamente, las neuronas de nuestro cerebro no funcionan de esta manera. Pensar sobre algo tan complejo como el miedo –o incluso tan simple como una región cerebral– requeriría del concurso de muchísimas neuronas. Sígueme la corriente por un momento.

Asumamos que antes de haber leído el capítulo anterior de este libro, en nuestra mente no se había establecido una conexión entre la neurona de la amígdala y la neurona del miedo. Las neuronas que representaban estos conceptos nunca se habían comunicado (o es posible que no hubiéramos oído hablar de la amígdala hasta leer este libro, por lo que ni siquiera contábamos con una neurona en el cerebro que representara este concepto). Mientras leemos el capítulo, el cerebro comienza a establecer una asociación o conexión entre ambas ideas.

Al terminar el capítulo, las dos neuronas habrán comenzado a «hablarse», lo que significa que habrán formado una nueva «conexión sináptica» de forma que, cuando se nos presente en el futuro el término «amígdala», la neurona que representa este concepto inmediatamente estimulará a la neurona que representa el «miedo». Se trata de una nueva asociación que nuestro cerebro ha establecido entre dos conceptos previamente inconexos y dicha asociación ha sido posible gracias a cambios en la organización de las sinapsis.

Memoria y ¿babosas de mar?

Como ya se ha dicho, la descripción anterior es una tremenda simplificación de lo que realmente ocurre en el cerebro humano. Sin embargo, los neurocientíficos saben con certeza que la memoria depende por completo de la creación de nuevas conexiones sinápticas entre las neuronas y del fortalecimiento de las ya existentes. Para darse cuenta de ello han tenido que estudiar sistemas nerviosos mucho más sencillos que el nuestro, sistemas en los que los recuerdos se generan a partir de la interacción de solamente unas docenas de neuronas.

La *Aplysia californica* es una babosa de mar y, como se puede intuir por su nombre, no es una de esas criaturas que inspire a cualquiera de nosotros a maravillarse ante la belleza de la naturaleza. Es blanda, viscosa y cubierta de bultos irregulares, por lo que la mayoría de nosotros pondría mala cara ante la idea de tocarla. Pero la *Aplysia* ha sido fundamental para la comprensión del funcionamiento de la memoria humana.

Aplysia califórnica *o babosa marina borracha*.

La *Aplysia* tiene un sistema nervioso relativamente sencillo formado por unas 20 000 neuronas (sencillo si lo comparamos con las 86 000 millones de neuronas del cerebro humano o los 75 millones del cerebro de un ratón). Su reducido tamaño facilita a los investigadores el trabajo con su sistema nervioso. Sin embargo, la *Aplysia* es bastante grande para ser una babosa (los ejemplares adultos superan los dieciocho centímetros de longitud en media y pesan casi un kilogramo)[5] y sus neuronas son enormes, de las más grandes que existen en el reino animal. Su diámetro puede alcanzar el milímetro –algo menos del canto de una moneda–, mientras que nuestras neuronas son mucho más pequeñas que una fracción del grosor de un pelo humano. La *Aplysia* tiene además la capacidad de generar recuerdos, por lo que ofrece a los investigadores un modelo simplificado y fácil de analizar para el estudio del proceso de formación de los recuerdos.

Para entender cómo es este proceso debemos comenzar por explicar la anatomía de la babosa de mar. Es posible que el lector no haya elegido este libro por su fascinación por el mundo de las babosas de mar, así que prometo ser breve. La *Aplysia* tiene una agalla –que usa para respirar–

situada a lo largo de su espalda y dicho órgano está recubierto de una capa de piel denominada «manto». En el extremo de ese manto presenta una especie de surtidor carnoso denominado «sifón». El sifón sirve para excretar residuos en forma de heces mezcladas con agua de mar y enviarlos lejos del animal. En resumen, el sifón evita que la *Aplysia* se haga caca encima.

Cuando el sifón de la *Aplysia* nota un contacto se produce un movimiento reflejo que retrae el sifón y la agalla, y lo aparta de aquello con lo que contactó. Es lo mismo que haríamos nosotros al tocar algo caliente, pero los humanos realizaríamos un movimiento rápido mientras que la *Aplysia* retrae su agalla de manera temblorosa y a cámara lenta, como se esperaría de una babosa.

Si tocamos el sifón varias veces seguidas, la respuesta de la *Aplysia* se va volviendo menos intensa. Comienza a reconocer que el contacto no supone un peligro para ella.

Es decir, «genera un recuerdo» que vincula nuestro contacto con una ausencia de riesgo, por lo que el reflejo de retracción disminuye de intensidad.

Si hacemos que el toque del sifón se produzca de manera simultánea a una pequeña descarga eléctrica, ocurrirá lo opuesto. La babosa aprende que el contacto con su sifón lleva aparejado dolor, por lo que retraerá la agalla con más violencia que en ocasiones posteriores, incluso cuando el toque del sifón no vaya acompañado de la descarga eléctrica. Si repetimos el toque del sifón con la descarga muchas veces seguidas, el animal responderá de forma exagerada y esta respuesta se prolongará durante días y hasta semanas, incluso cuando la babosa no haya vuelto a sufrir ninguna descarga simultánea desde esa primera serie de contactos con el sifón. Por tanto, la babosa ha generado un recuerdo de largo plazo sobre el potencial peligro asociado al contacto con su sifón.

Los neurocientíficos saben con bastante certeza cómo logran las neuronas de la *Aplysia* generar este recuerdo. Cuando desarrolla esa primera sensibilidad al tacto aparejado a una descarga, se produce un refuerzo de la conexión entre las «neuronas sensoriales» encargadas de detectar el contacto y las «neuronas motoras» que controlan el movimiento. Las neuronas sensoriales segregan más neurotransmisores al ser estimuladas y esto provoca una respuesta más intensa en las neuronas motoras.

Sin embargo, la creación del recuerdo a largo plazo que implica la hipersensibilidad al tacto durante semanas tras una serie de descargas requiere de otra serie de cambios de mayor alcance en la babosa. Además de segregar más neurotransmisores al estimularse, las neuronas sensoriales de la babosa establecen nuevas conexiones sinápticas con las neuronas motoras involucradas en este movimiento reflejo. Estas nuevas conexiones ofrecen rutas paralelas de comunicación entre la neurona sensorial y la neurona motora, por lo que aumenta la probabilidad de que se produzca su comunicación y, cuando esta se produce, suele ser más rápida y eficiente. Los cambios sinápticos que facilitan la interacción neuronal se denominan «potenciación a largo plazo» ya que las sinapsis se vuelven más fuertes y potentes durante un periodo prolongado. Creemos que la formación de recuerdos en el cerebro humano sigue este mismo proceso.

Gran parte de las neuronas de nuestro cerebro tienen la capacidad de reconocer si un estímulo en particular asociado a una determinada conexión sináptica se produce con más frecuencia de la habitual. La frecuencia es importante, puesto que sugiere la necesidad de establecer una asociación, ya sea entre acontecimientos, conceptos o incluso recuerdos. Por esto, cuando la actividad en una sinapsis se vuelve recurrente, las neuronas involucradas en el proceso establecen mecanismos que facilitan la comunicación entre ellas. En esto consiste la potenciación a largo plazo.

A diferencia de lo que hemos visto que ocurre en las babosas de mar, nuestros recuerdos suelen ser más complejos que una simple asociación refleja. Nuestros recuerdos se forman a partir de información sobre experiencias sensoriales, estados de ánimo, la experiencia personal acumulada y otros factores. Por tanto, cada uno de nuestros recuerdos se forma sobre la base de múltiples redes neuronales dispersas por todo el cerebro.

Aun así, la potenciación a largo plazo se considera un elemento fundamental en la formación de los recuerdos humanos. Y parece que gran parte de este proceso se produce en una estructura denominada «hipocampo» que es crucial para la salud de nuestra memoria.

Un caballito de mar en nuestro cerebro

El hipocampo se encuentra en el lóbulo temporal –recordemos que se trata de la región del cerebro cercana a la sien– y está muy lejos de la corteza cerebral. Tenemos un hipocampo en cada hemisferio cerebral, así que nuevamente deberíamos hablar de los hipocampos en plural.

El hipocampo es una sección de tejido cerebral estrecha y con forma de letra C que, de alguna manera, se parece a un caballito de mar cuando se extrae del cerebro. De ahí su nombre, puesto que «hipocampo» significa caballito de mar en latín. A pesar de ser un elemento relativamente pequeño del cerebro, su papel es determinante en la formación de recuerdos.

Uno de los métodos para revelar la importancia del hipocampo en los procesos relacionados con la memoria consiste en analizar casos en los que las lesiones de esta estructura producen amnesia. Puede que no haya un ejemplo mejor de este trastorno que el de Clive Wearing.

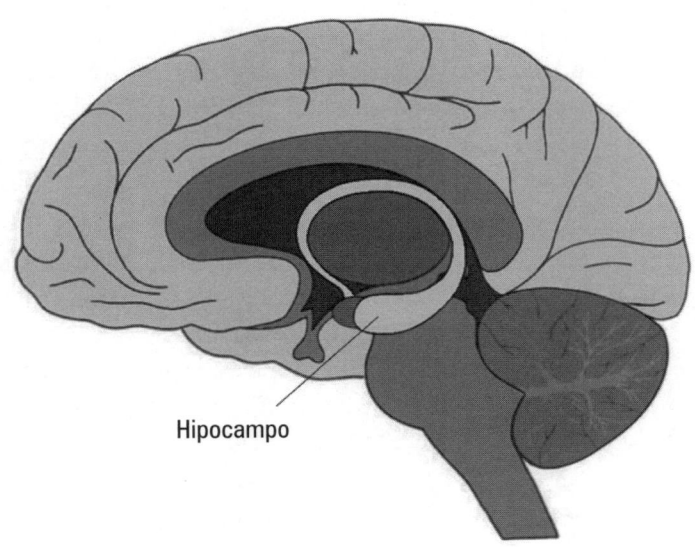

Hipocampo

Wearing estaba a punto de cumplir cincuenta años en la primavera de 1985. Era un músico, profesor y director de orquesta bastante reconocido, además de trabajar como productor para una de las emisoras de radio de la BBC. Cuando aparecieron en Wearing los primeros síntomas del trastorno en cuestión –que acabaría por destruir su hipocampo– él mismo no les dio importancia y los consideró un efecto secundario del exceso de trabajo. A medida que los síntomas se agravaban y su explicación dejaba de parecerle razonable, creyó haber contraído una gripe o algún tipo de resfriado persistente. No podía imaginar que estaba ante el comienzo de una enfermedad que cambiaría su vida por completo.

Los primeros síntomas consistieron en dolores de cabeza, algo que Wearing ya sufría antes con frecuencia. Siempre pensó que sus jaquecas se debían al estrés y a su apretada agenda. Pronto se convertirían en dolores de tal intensidad que le impedirían dormir, y eso era algo que no le había ocurrido antes. Entonces comenzó a presentar fiebre continua de 38° C con picos de 40° C durante varios días. Comenzó a sentirse confuso y a delirar, por lo que empezó a sospechar que el problema iba más allá de una mala gripe. Comenzó a perder el conocimiento a ratos y su médico recomendó su ingreso en el hospital.

Los médicos del hospital no acababan de entender su repentino deterioro y concluyeron que Wearing sufría una encefalitis herpética. La «encefalitis» es el término general con el que se describe una inflamación del cerebro. Puede deberse a muchas causas pero, en el caso de la herpética, el culpable es el virus del herpes, a menudo la misma cepa del virus que produce esas molestas calenturas en los labios que siempre aparecen en el peor de los momentos. No se sabe cómo o por qué, en casos muy puntuales, el virus migra hasta el cerebro.

A pesar de que los doctores se mostraron inicialmente pesimistas con respecto a sus probabilidades de supervivencia, Wearing consiguió recuperarse de la infección viral y de la encefalitis provocada por ella. Sin embargo, el virus y la respuesta inmune desencadenada por su presencia tuvieron un efecto devastador en su posterior proceso de recuperación. Había sufrido graves lesiones cerebrales, especialmente en el hipocampo.

Las lesiones estaban tan localizadas que las facultades cognitivas de Wearing permanecían prácticamente intactas, pero sufría sin embargo el peor caso de amnesia documentado hasta la fecha. Era incapaz de crear recuerdos de largo plazo y se veía recluido en un mundo de recuerdos de corto plazo en el que el pasado no duraba más de treinta segundos. Sus recuerdos se desvanecían a los pocos segundos de haber surgido, independientemente de la mucha o poca atención que les dedicara.

Wearing perdía a menudo el hilo de una conversación en medio de una frase. Si se ponía a jugar al solitario, colocaba las cartas sobre la mesa y al momento se sorprendía de que alguien las hubiera colocado allí, puesto que él ya había olvidado haberlo hecho. Cuando Wearing cogía un objeto, si cerraba la palma de la mano y volvía a abrirla, se sorprendía a menudo creyendo que alguna intervención mágica había escondido el objeto en su mano sin que él se diera cuenta.

Y sin embargo, Wearing sí conserva algunos recuerdos del pasado. Sigue, por ejemplo, sabiendo tocar el piano, pero no recuerda un amplio periodo de tiempo previo a la aparición de su enfermedad. Sabe que tiene hijos, pero cree que son mucho más pequeños de lo que son. Es como si un segmento completo de su vida previa a la encefalitis no hubiera ocurrido y asume que las cosas son como eran unos años antes de su ingreso en el hospital, esa época que sí recuerda.

Su incapacidad para registrar nuevos recuerdos resulta debilitante para Wearing. Se ve atrapado en un bucle perpetuo en el que, durante todo el día, se siente como si acabara de despertar de un coma largo y profundo. Su diario resulta estremecedor, pues escribe una y otra vez frases como estas: «4:45 a.m. Plenamente despierto por primera vez» y «11:22. Plenamente despierto por primera vez». Lo escribe a pesar de haberlo escrito en la línea inmediatamente anterior.[6] Cada vez que su memoria se borra, cree acabar de despertar y cree que es la primera vez que logra despertar «realmente».

La vida de un recuerdo

Se cuenta con numerosas evidencias, además de un buen número de casos como el de Clive Wearing, que corroboran la idea de que el hipocampo tiene una importancia crucial para la memoria. ¿Pero qué es lo que hace exactamente? Aquí se complican un poco las cosas. Para tratar de entenderlo, vamos a recorrer la vida de un recuerdo desde su nacimiento y hasta que queda almacenado en nuestro cerebro.

El recuerdo comienza su andadura como un patrón distintivo de la actividad cerebral que representa una experiencia sensorial en combinación con la información contextual de la que dispone el cerebro en ese momento –estado de ánimo, historia personal, etc.– y que nos ayuda a determinar la relevancia de esa experiencia. Tomemos como ejemplo el recuerdo de aquellas vacaciones tan agradables en la playa. El recuerdo consiste en tomar el sol tumbados en la arena mientras se escucha de fondo el murmullo de las olas rompiendo en la orilla y el canto de alguna gaviota. La brisa acaricia nuestra piel y nos trae ese aroma tan particular del aire marino mezclado con el perfume del protector solar. Esta información sensorial se combinará con una serie de datos referentes a lo ocurrido en nuestra vida en la época en la que realizamos ese viaje (podríamos, por ejemplo, sentirnos muy estresados en el trabajo y el viaje servirnos como válvula de escape, o bien podría tratarse de un periodo de felicidad, soledad o enfermedad).

Toda esta información queda registrada en diferentes áreas del cerebro, desde aquellas dedicadas fundamentalmente al procesado de información sensorial a otras encargadas de funciones cognitivas superiores. En cualquier caso, en este punto se tratará únicamente de un patrón de actividad de corta duración y no de un recuerdo a largo plazo. Y es ahora cuando interviene el hipocampo.

Esto es lo que «pensamos» que ocurre, y debemos hacer hincapié en la palabra «pensamos» puesto que, a pesar de que sabemos que el hipocampo es importante en la formación de recuerdos, el mecanismo que utiliza para crearlos no se conoce en detalle. El hipocampo recibe información sobre las áreas del cerebro que se han activado durante esta experiencia en la playa y crea a continuación una especie de ficha de registro de esas áreas a las que podrá acceder en un futuro, incluyendo en dicha ficha una serie de informaciones relacionadas con el acontecimiento central.

El recuerdo de aquel viaje a la playa podría, por ejemplo, almacenarse junto a recuerdos de otros viajes a la playa, con el resto de los acontecimientos de aquel verano o incluso junto a un grupo de experiencias agradables en general. Este «intercalado» de información permite establecer con gran rapidez asociaciones entre experiencias y conceptos similares, lo que dota a nuestro cerebro de esa increíble habilidad que posee para conectar unos recuerdos con otros, algo que no solo mejora nuestra capacidad de recordar sino también la de aprender.

Una vez el hipocampo almacena este esquema interconectado de áreas del cerebro estimuladas durante la experiencia original, simplemente espera a que un estímulo active ese recuerdo como, por ejemplo, soñar despiertos que estamos en la playa, oler el aroma del protector solar o charlar sobre aquel viaje a la playa. Estas pistas reactivarán las áreas del cerebro que participaron en la experiencia original. Al mismo tiempo, el hipocampo reconocerá este esquema como parte del patrón original de activación y recuperará toda la información de la red completa que se activó cuando se formó el recuerdo, reactivándolo en su totalidad.

Cada vez que este tipo de red neuronal se reactiva, se fortalecen las conexiones entre las neuronas que forman parte de ella. Este proceso de reactivación y refuerzo se denomina «consolidación de la memoria» e implica la transformación de aquel esbozo de recuerdo original en algo duradero y estable.

La reactivación consciente de un recuerdo ayuda a su consolidación, pero existen también evidencias de que el sueño tiene un papel importante en este proceso. Los estudios realizados demuestran que las mismas neuronas que se activan durante la experiencia original se reactivan durante el sueño profundo.[7] Por tanto, los neurocientíficos han formulado la hipótesis de que el cerebro utiliza el sueño para garantizar el almacenamiento a largo plazo de los recuerdos relevantes correspondientes al día anterior.

¿Dónde se guardan los recuerdos?

Algunos comparan el papel del hipocampo como consolidador de recuerdos con el de un director de orquesta. Cuando un recuerdo es relativamente reciente, el hipocampo responde ante cualquier pista que apunte a ese recuerdo, coordinando la actividad de las zonas del cerebro relacionadas con aquel acontecimiento, del mismo modo que un director de orquesta coordina a sus músicos.

Si la orquesta ha ensayado una y otra vez una sinfonía, a menudo el papel del director de orquesta se vuelve casi testimonial. Lo mismo ocurre con un recuerdo que ha sido evocado en múltiples ocasiones, ya que las conexiones entre las zonas del cerebro asociadas a ese recuerdo son tan intensas que se activan por sí mismas. Es decir, la capacidad para evocar estos recuerdos se vuelve menos dependiente del hipocampo.

Por tanto, se cree que el patrón a largo plazo que activa un recuerdo se almacena repartido por toda la corteza cerebral, replicando la red neuronal inicialmente activada durante la experiencia original. Esto podría explicar por qué las lesiones del hipocampo suelen producir problemas de consolidación de recuerdos y hace que olvidemos los más recientes, mientras que aquellos recuerdos más lejanos permanecen intactos.

La historia no se acaba aquí

Nos hemos centrado mucho en el hipocampo, pero conviene recalcar que la vida de un recuerdo no empieza ni acaba en esta región del cerebro y que hay otras partes de este órgano que también son claves para recordar. El lector verá que la distribución de funciones es un tema recurrente a lo largo del libro, y es así porque esta distribución funcional parece ser una estrategia común en todos los procesos organizativos del cerebro.

Se piensa que las partes del cerebro que rodean el hipocampo, por ejemplo, contribuyen de manera determinante en los procesos de la memoria declarativa, mientras que la memoria no declarativa recurre a regiones totalmente distintas del cerebro, una hipótesis que se vería corroborada por casos como el de Clive Weaving.

Wearing sufrió daños importantes en el hipocampo, pero nunca perdió su capacidad de memoria no declarativa, como demuestra su habilidad para tocar el piano después de la lesión. Se piensa que este tipo de recuerdos se fijan con el concurso de otras zonas, como los ganglios basales o el cerebelo, estructuras de las que hablaremos al abordar el movimiento.

Por tanto, al describir algunos de los mecanismos de funcionamiento de la memoria declarativa ni siquiera hemos logrado franquear el portal de entrada de ese inmenso edificio que es el cerebro. La memoria es una función compleja y estamos muy lejos de entender cómo funciona cada una de sus diferentes modalidades.

Lo que sí sabemos es que la pérdida de esta facultad cognitiva tiene efectos terribles. Cuando perdemos la capacidad de recordar lo ocurrido en nuestra vida, perdemos también el contexto en el que insertar y vivir las experiencias presentes. En los casos más extremos, la vida puede llegar a parecer un esfuerzo vacío y sin sentido. Nada ejemplifica mejor lo terrible que es perder la memoria que la enfermedad de Alzheimer, un trastorno que mina día tras día la independencia y la humanidad del paciente hasta devolverle a un estado mental que nos recuerda a la vulnerabilidad de la infancia más temprana.

La enfermedad de Alzheimer

Los avances tecnológicos de la medicina en el último siglo han logrado prologar de manera sustancial la vida de los humanos. Los estadounidenses de raza blanca nacidos alrededor del año 1900, por ejemplo, tenían una esperanza de vida de cincuenta años. Hoy esa cifra alcanza los ochenta años.[8] Uno de los inconvenientes de vivir más años, sin embargo, es que los humanos actuales tienen una mayor probabilidad de sufrir enfermedades asociadas a la tercera edad (somos más los que llegamos a edades avanzadas, por lo que más personas sufren este tipo de enfermedades).

La enfermedad de Alzheimer es uno de estos trastornos y su prevalencia ha aumentado durante las últimas décadas en paralelo al aumento de la población mayor de sesenta y cinco años. El alzhéimer afecta fundamentalmente, aunque no exclusivamente, a personas mayores y hasta una de cada diez personas mayores de sesenta y cinco años la sufren.[9]

Por razones que todavía no están del todo claras —y que van más allá del hecho de que las mujeres vivan en media más años—, esta enfermedad es más frecuente en mujeres. Se estima que, en la actualidad, el riesgo de que una persona de cuarenta y cinco años sufra la enfermedad de Alzheimer es de uno entre cinco para las mujeres y de uno entre diez para los hombres.[10]

La enfermedad de Alzheimer es una forma de «demencia», etiqueta que engloba a todas aquellas enfermedades que implican pérdida de memoria y algún otro tipo de dificultad cognitiva. Existen muchos tipos de demencia, pudiendo deberse a causas distintas o a secuencias específicas de cambios patológicos en el cerebro. La enfermedad de Alzheimer es solo un tipo de demencia más. Aunque sabemos algo más sobre lo que pasa en el cerebro cuando se sufre esta enfermedad y lo que la diferencia de otros tipos de demencia, seguimos sin respuestas a la hora de explicar por qué afecta a unas personas y a otras no. Un pequeño porcentaje de casos tiene un origen claramente hereditario, pero para el resto de los enfermos las causas son desconocidas. Existen diversos factores de riesgo conocidos –desde una predisposición genética específica relacionada con el consumo de tabaco a las lesiones repetitivas en la cabeza o una mala salud cardiovascular–, pero no sabemos cómo contribuye cada uno de estos factores a desencadenar la enfermedad. En cualquier caso, el factor de riesgo primario del alzhéimer es inevitable: la edad.

Un pronóstico sombrío

A medida que envejecemos, el cerebro reduce su rendimiento, por lo que a veces resulta difícil distinguir los primeros síntomas del alzhéimer del declive cognitivo esperable al alcanzar una edad avanzada. Sin embargo, la enfermedad pronto se destaca y provoca un deterioro notable en la salud del paciente. Este proceso avanza a menudo con rapidez y la capacidad mental del paciente acaba por no ser ni la sombra de lo que fue.

Los primeros síntomas reconocibles de la enfermedad de Alzheimer son los fallos de memoria. Al principio suelen consistir en problemas para fijar recuerdos declarativos. En esta fase, los pacientes suelen olvidar una conversación al poco de haberla mantenido y muestran una tendencia a repetirse. También pueden tener problemas para recordar sus citas o se pasan el tiempo «perdiendo» cosas.

Sin embargo, en esta fase el paciente sigue siendo capaz de evocar recuerdos del pasado lejano y recuerdos no declarativos, como la habilidad para atarse los zapatos o comer con cubiertos. Con el tiempo, toda su memoria se verá afectada y hasta los recuerdos más profundos acabarán por borrarse.

JUEGOS DE ENTRENAMIENTO MENTAL: ¿FUNCIONAN?

A lo largo de los últimos veinte años han surgido varias empresas dedicadas a comercializar productos que dicen mejorar la capacidad de memoria y reducir el riesgo de sufrir la enfermedad de Alzheimer. Estos productos tienen además la ventaja de ser juegos (a menudo denominados «juegos de entrenamiento mental»), con los que todos disfrutamos. El problema es que no hay demasiadas evidencias científicas que respalden de manera contundente estas afirmaciones. Aunque algunos estudios apoyan las indicaciones de las empresas de juegos de entrenamiento mental, si las analizamos en detalle veremos que presentan graves limitaciones, como el uso para su respaldo de muestras de individuos muy pequeñas. De momento, lo único que se puede afirmar es que jugar a estos juegos te hace mejor jugando a ellos. Las investigaciones disponibles no demuestran que estos juegos produzcan mejoras cognitivas o reduzcan el riesgo de sufrir la enfermedad de Alzheimer.[11]

Otras funciones cognitivas –algunas relacionadas con la memoria y otras no– también se ven afectadas. Se pierde vocabulario y capacidad de comunicación, al igual que se deteriora la habilidad para leer y escribir. Los pacientes pueden experimentar trastornos en su estado de ánimo que van desde la apatía y la depresión a los ataques de ira. El pensamiento a menudo degenera en delirio y hasta un 20 por ciento de los pacientes sufre alucinaciones visuales.[12]

Tampoco la función motora se libra. Con el tiempo los pacientes ven limitada su movilidad y llegan a ser incapaces de realizar las tareas más sencillas de higiene y cuidado personal. Incluso fallan sus funciones motoras básicas, como las de masticar y tragar, llegándose también a la incontinencia.

Si el paciente sigue todavía vivo, llegará un momento en el que prácticamente todas sus funciones cerebrales se vean afectadas en mayor o menor medida. Será completamente dependiente de los cuidados de otras personas para la realización de cualquier actividad cotidiana.

Esta enfermedad es inexorablemente fatal. A pesar de que seguimos sin conocer las causas de la enfermedad de Alzheimer –a excepción de los pocos casos en los que hay un componente claramente genético–, los neurocientíficos saben ahora algo más sobre los cambios que se producen en el cerebro a medida que avanza este mal.

Alzhéimer y enfermedades neurodegenerativas

La enfermedad de Alzheimer se considera una «enfermedad neurodegenerativa», es decir, forma parte de un grupo de trastornos que se caracterizan por el deterioro y la muerte de las neuronas. En la enfermedad de Alzheimer se produce la neurodegeneración del cerebro en sentido amplio, lo que resulta en la atrofia del cerebro en su conjunto. Esta atrofia suele ser detectable a simple vista. Si colocamos un cerebro sano (muerte por causas naturales) junto a otro de alguien que murió por alzhéimer, nos sorprenderá la clara disparidad en el tamaño y la apariencia, de tal forma que nos parecerá estar ante un órgano marchito (ver imagen).

Cerebro sano   Cerebro con alzhéimer

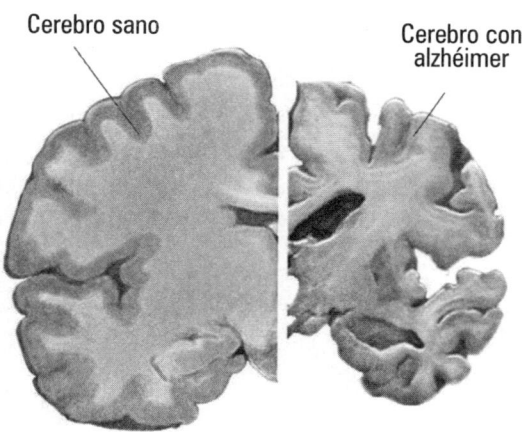

Comparativa entre el cerebro de una persona sana y el de otra persona con un caso grave de enfermedad de Alzheimer. Imagen por cortesía del National Institute of Aging/National Institutes of Health.

Todas las regiones del cerebro son susceptibles de sufrir el deterioro neurodegenerativo propio de la enfermedad de Alzheimer, pero algunas son más vulnerables a él que otras. Son especialmente susceptibles de verse afectadas el hipocampo y sus zonas aledañas, la parte más externa de la corteza cerebral, y una formación situada en la parte delantera inferior del cerebro denominada «ganglios basales».

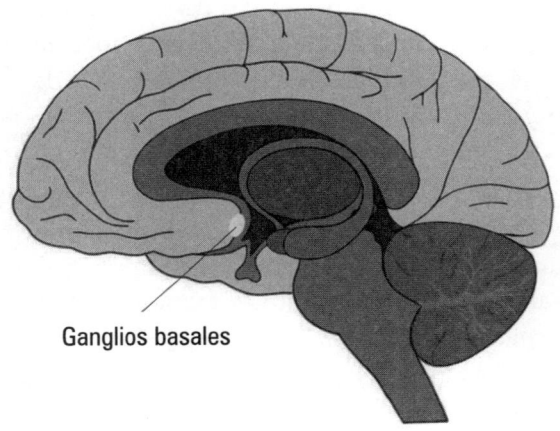

Ganglios basales

Estos ganglios basales están formados por un grupo de neuronas del «sistema nervioso central» (un concepto que engloba al cerebro y la médula espinal), que guardan cierta relación anatómica o funcional. Los ganglios basales concentran un gran número de neuronas productoras de un neurotransmisor específico, la acetilcolina. No sorprenderá saber que uno de los tratamientos más habituales frente a la enfermedad de Alzheimer consiste en administrar fármacos capaces de aumentar los niveles de acetilcolina en el cerebro.

En cualquier caso, los síntomas de esta enfermedad se deben a un proceso de muerte neuronal que afecta a la mayor parte del cerebro. A medida que progresa, se acentúa la pérdida de neuronas y de ahí que se vayan progresivamente agravando los síntomas.

Un asunto clave, y todavía sin respuesta, es el que se refiere a este proceso de muerte neuronal. ¿A qué se debe? Los neurocientíficos han apuntado durante años a ciertas anormalidades observadas en el cerebro de los enfermos de alzhéimer como posible causa de esa muerte neuronal, pero los mecanismos que la explican siguen sin conocerse.

Placas, ovillos
y neuronas que se mueren

La enfermedad de Alzheimer es un tipo único de demencia y lo que la distingue son los cambios patológicos que se observan en los pacientes con esta enfermedad, cambios exclusivos de ella y que no se observan –al menos no en el mismo grado– en los demás tipos de demencia. La característica más destacada es la extraña tendencia de las proteínas a acumularse y formar aglomeraciones indisolubles alrededor de las neuronas.

Los beta-amiloides (Aβ) son un grupo de pequeños péptidos –compuestos que básicamente son una versión reducida de una proteína– que se acumulan en la parte exterior de las neuronas del cerebro de los enfermos de alzhéimer, formando unas grandes y densas estructuras denominadas «placas amiloides».

Normalmente, unas enzimas denominadas proteasas se encargarían de eliminar cualquier exceso de péptidos y proteínas, pero las placas amiloides se muestran resistentes a la degradación por proteasas, por lo que tienden a acumularse y proliferar en el cerebro del paciente a medida que la enfermedad avanza.

Además, dentro de la neurona comienzan a aparecer núcleos de otro tipo de proteína. En este caso la culpable se denomina «proteína tau». Normalmente se dedica al transporte de materiales por toda la célula, pero en la enfermedad de Alzheimer pierde su funcionalidad y se aglomera formando unas estructuras denominadas «ovillos neurofibrilares». Al igual que ocurre con las placas amiloides, estos ovillos se muestran resistentes a la acción de las proteasas, hasta el punto de que su acumulación acaba provocando la muerte neuronal, quedando únicamente estos ovillos como testimonio de la existencia previa de una neurona.

Las placas amiloides y los ovillos neurofibrilares se acumulan sin descanso a medida que la enfermedad avanza, por lo que los científicos llevan años suponiendo que estas estructuras proteicas son las culpables de la muerte neuronal en la enfermedad de Alzheimer. A pesar de que hay sólidas evidencias de que las placas amiloides y los ovillos neurofibrilares contribuyen al progreso de la enfermedad, no sabemos realmente cómo lo hacen.

Algunos neurocientíficos creen que las placas amiloides son responsables directas del envenenamiento de las neuronas, provocando su degeneración y muerte. Otros creen que los verdaderos culpables son los radicales libres de los péptidos beta-amiloides, mientras que las placas no representarían más que un intento (fallido) del cerebro de atrapar a estos péptidos tóxicos y limitar así los daños que provocarían sobre dicho órgano.

El debate es similar al respecto de los ovillos neurofibrilares. La correlación entre la proliferación de estos ovillos en el cerebro con los síntomas neurodegenerativos del alzhéimer es todavía más exacta que en el caso de las placas amiloides[13] sin que se sepa aún cómo contribuyen estos ovillos al progreso de la enfermedad.

También se discute en los foros neurocientíficos desde hace años sobre la importancia relativa de las placas amiloides y los ovillos neurofibrilares en el desarrollo de la enfermedad, aunque lo más probable parece ser que ambas anormalidades contribuyan al avance del alzhéimer y es probable que incluso lo hagan sinérgicamente.

Son muchas las incógnitas pendientes de despejar, escenario que seguramente justifica que no dispongamos aún de un tratamiento eficaz frente a esta enfermedad. Ninguno de los tratamientos existentes es capaz de detener el avance neurodegenerativo que se produce en el cerebro de los pacientes con alzhéimer. Únicamente se consigue paliar los síntomas e incluso en este punto la eficacia de los tratamientos resulta limitada.

La enfermedad de Alzheimer es una demostración palpable de la importancia crucial de la memoria. No hay nada más duro que ver cómo un paciente en fase avanzada de esta enfermedad pierde todos aquellos recuerdos que le definen como persona. Olvidan los logros alcanzados, los nombres de sus amigos e incluso las caras de sus seres queridos. Estos casos nos demuestran que es casi imposible concebir la vida humana sin recuerdos.

TRES

Sueño

Silvano era un apuesto hombre de cincuenta y tres años cuando en 1983 llegaba al Instituto Neurológico de Bolonia (Italia) buscando ayuda desesperadamente. Silvano estaba seguro de que iba a morir por una sencilla razón: no dormía nunca.[1]

Al principio los médicos no sabían qué pensar sobre las afirmaciones de Silvano. Después de todo, nadie se muere de insomnio. A todos los humanos nos llega ese momento en el que, si llevamos mucho tiempo sin dormir, acabamos cayendo en los brazos de Morfeo. Es un problema autocorregible, o al menos eso pensaba la comunidad médica en aquel momento.

Sin embargo, Silvano había visto ya cómo su padre y dos de sus hermanas sucumbían ante una extraña enfermedad que avanzaba de la mano del agravamiento progresivo del insomnio que sufrían. La pérdida de sueño avanzó en ellos en paralelo a su deterioro físico y cognitivo, por lo que el agravamiento del insomnio parecía estar vinculado a su declive hasta que este tuvo consecuencias fatales.

Silvano había llegado a los cincuenta y dos años sin mostrar síntoma alguno de que sufriera también esta misteriosa enfermedad, por lo que creía haber capeado el temporal. Pero ese año sus esperanzas se hicieron añicos al aparecer los síntomas que tanto había temido. De repente, su descanso nocturno de entre cinco y siete horas de sueño se redujo a dos o tres horas. A los dos meses ya solo lograba dormir una hora cada noche y, transcurrido un mes más, dejó de dormir por completo.

El deterioro de Silvano fue rápido. Cuando se esfumaron los últimos vestigios de sueño normal, su nivel de fatiga era tal que no podía trabajar. Apareció un febrícula crónica y le costaba hablar.

Pasaron tres meses sin dormir y Silvano comenzó a experimentar temblores en los brazos, mientras que andaba con dificultades y se mostraba inestable.

A los cinco meses de insomnio total, Silvano cayó en una especie de sopor. Su fiebre empeoró, su respiración se volvió irregular y su frecuencia cardiaca era elevada y errática. Muchos de sus sistemas fisiológicos comenzaban a fallar y a desestabilizarse. En menos de un mes Silvano moriría, solo nueve meses después de la aparición de los primeros síntomas.

La evolución de la enfermedad de Silvano dejó perplejos a los médicos, conscientes, eso sí, de estar ante una enfermedad hasta entonces no descrita: un trastorno que parecía hereditario y que producía un empeoramiento progresivo del insomnio. Lo llamaron «insomnio familiar fatal».

Con el tiempo se registraron más casos de este trastorno y los científicos descubrieron que esta rarísima enfermedad se debe a una mutación genética que se transmite de padres a hijos. Si uno de los progenitores la padece, el hijo tendrá una probabilidad del 50 por ciento de sufrirla también. Sin embargo, recientemente se han detectado casos sin vínculo familiar aparente, lo que ha llevado a los investigadores a concluir que esta enfermedad también puede surgir de manera espontánea.[2]

Dado que cualquiera puede potencialmente sufrir esta enfermedad –incluso sin antecedentes familiares–, el trastorno se denomina ahora «insomnio fatal» (sin la coletilla de «familiar»). Este trastorno produce la muerte neuronal en diversas regiones del cerebro que están implicadas en el proceso del sueño. Además de tratarse de una de las enfermedades neurológicas que más miedo me producen (si el lector cree que no es para tanto, puede recordar mis palabras la próxima vez que se pase una noche entera sin dormir), el insomnio fatal nos sirve como ejemplo de la importancia crucial del sueño en el funcionamiento del cerebro. No se sabe exactamente cómo el insomnio logra producir la muerte, puesto que la muerte neuronal se detecta en diversas regiones del cerebro y la muerte neuronal multirregional puede igualmente conducir a la muerte. En cualquier caso, parece que el insomnio agrava los problemas del paciente y contribuye a que sus últimos meses de vida se conviertan en un verdadero infierno.

¿Por qué dormimos?

Queda claro, por tanto, que nuestro cerebro necesita imperiosamente el sueño. ¿Y por qué ocurre esto? ¿Cuál es el objetivo real del sueño?

Los científicos no encuentran una respuesta definitiva a esta pregunta. Las investigaciones han apuntado a diferentes hipótesis para describir la función del sueño, sin que exista una teoría única capaz de hacerlo. Una de las hipótesis más aceptadas, por ejemplo, es la que considera que el sueño tiene una función reparadora. Nuestra vida consciente implica cada día que el cerebro y el resto del cuerpo consuman con voracidad los recursos de los que disponemos. Utilizamos aminoácidos para sintetizar proteínas, adenosín trifosfato (ATP) para generar energía, glucosa para producir ese ATP, y así sucesivamente. Durante el sueño, el cuerpo y sobre todo el cerebro, se dan un descanso de ese incesante ritmo de consumo de energía y aprovechan esta oportunidad para reponer sus depósitos casi vacíos con todas esas sustancias fundamentales para su funcionamiento.

Además, el sueño es una fase de consumo de energía limitado al reducirse la demanda por parte del cuerpo. En los humanos, tiene sentido desde el punto de vista evolutivo que este periodo de descanso coincida con la noche. Nuestra visión nocturna no es óptima —al menos si la comparamos con la de los depredadores naturales de nuestros antepasados humanos— y nos resultaría más difícil cazar y recolectar alimentos durante la noche, además de más peligroso. En otras palabras, el coste de permanecer despiertos durante la noche parece superar a los beneficios esperables.

En resumen, parece razonable que dormir sea simultáneamente un mecanismo de recuperación y conservación de la energía. Sin embargo, los estudios científicos sugieren otras funciones del sueño. En un estudio reciente, por ejemplo, se apoya la idea de que el sueño sirve para eliminar residuos potencialmente tóxicos para el cerebro, como pueden ser los péptidos Aβ de los que hablamos en el capítulo anterior.[3] Otra hipótesis formulada ya hace tiempo —y bien fundamentada— apunta a que el sueño tiene un papel clave en la consolidación de recuerdos.

¿Qué debemos entonces concluir sobre el sueño? ¿Sirve para recuperar fuerzas, conservar la energía, eliminar tóxicos, crear recuerdos o para hacer alguna otra cosa totalmente distinta?

Pues bien, como ocurre con casi cualquier otra pregunta en neurociencia, o en los exámenes tipo test que tanto molestan a mis alumnos, la respuesta correcta sería «todas las opciones anteriores son verdaderas». Aunque los investigadores siguen tratando de saber más sobre el sueño, sí coinciden en una cosa: un comportamiento que ocupa un porcentaje de tiempo tan alto en nuestras vidas y que es fundamental para nuestra supervivencia tiene que cumplir diversas funciones, todas ellas clave para el buen funcionamiento del organismo.

El sueño y sus funciones siguen siendo, en cierto modo, un enigma. Todavía más enigmático resulta tratar de averiguar cómo hemos evolucionado los humanos de tal forma que necesitemos pasar inconscientes un tercio de nuestras vidas para realizar esta función. Es posible que pase bastante tiempo antes de que respondamos con precisión a estas cuestiones –o que no lo hagamos nunca–, más aún si tenemos en cuenta que el origen de este comportamiento puede esconderse en algún antepasado lejano de los humanos que vivió hace cientos de millones de años.

El origen del estudio científico del sueño

En lugar de detenernos más tiempo a tratar de responder preguntas de tan difícil respuesta, nos uniremos a los muchos neurocientíficos que han preferido centrarse en tratar de desentrañar lo que ocurre en el cerebro durante el sueño, así como en los efectos de este sobre el cerebro. Sorprendentemente, gran parte de lo que sabemos sobre la actividad del cerebro durante el sueño se lo debemos a un neuropsiquiatra alemán que lo que trataba de saber en realidad es si el cerebro humano tiene poderes telepáticos.

Hans Berger era el clásico científico alemán: reservado, meticuloso y disciplinado. Raphael Ginzberg era un joven médico que trabajaba a las órdenes de Berger en el Hospital Universitario de Jena (Alemania). Ginzberg describió a Berger como un hombre tenso que solo hablaba de trabajo y cuyos hábitos eran inquebrantables: «Jamás hacía algo que se saliera de su rutina. Sus días se parecían entre sí como gotas de agua. Año tras año repetía sus clases al milímetro. Era la personificación del inmovilismo».[4]

La aparente monotonía superficial de Berger escondía una verdadera pasión: descubrir los secretos del cerebro. Su afán tiene su origen en un incidente ocurrido cuando Berger tenía solo diecinueve años, a finales del siglo XIX. Sin saber muy bien qué hacer con su vida, Berger se había alistado en el ejército cuando una mañana, durante unas maniobras, se cayó de su caballo y se salvó por centímetros de acabar aplastado bajo las ruedas de una pieza de artillería. Tuvo suerte de escapar con vida y mucho más de salir ileso.

Ese mismo día su hermana se sintió embargada por una sensación de temor a que algo terrible le hubiera ocurrido. Su temor fue tal que convenció a su padre para que enviara un telegrama a Berger y se asegurara de que estaba bien. Fue el primer telegrama que Berger recibía de su familia y no creyó que pudiera tratarse de una simple coincidencia cuando justamente aquella mañana casi perdía su vida. Se convenció de que, de alguna manera, había transmitido telepáticamente su sensación de miedo a su hermana.[5]

Berger especuló con la idea de que el cerebro fuera capaz de acceder a algún tipo especial de energía que le permitiera enviar mensajes a larga distancia. Dedicó gran parte de su vida a tratar de cuantificar esa energía y ello fue lo que permitió uno de los mayores descubrimientos realizados en el campo de la neurociencia.

A pesar de que las ideas de Berger tuvieran una justificación en cierto modo sobrenatural, sus experimentos partían de una sólida base teórica. Se centró en la generación y utilización de la energía por parte del cerebro. Observó que el uso de energía que realizaba el cerebro dependía en gran medida del suministro de sangre que recibía, por lo que propuso que la energía que el cerebro obtenía de la sangre se convertía en electricidad y que esta era a su vez utilizada por las neuronas.

Es cierto, obviamente, que la activación de las neuronas requiere del concurso de cierto tipo de energía eléctrica, aunque las señales eléctricas de las neuronas son más parecidas a la carga eléctrica de una batería que a la corriente eléctrica que se transmite por un cable. Cuando los neurotransmisores estimulan a los receptores de una neurona, se genera una señal eléctrica dentro de la neurona que se denomina «potencial de acción». Este potencial de acción viaja a través de una especie de alargamiento en forma de tubo que posee la neurona y que se conoce como «axón».

Cuando la carga alcanza el extremo de axón, se produce una liberación de neurotransmisores y estas sustancias químicas son capaces de activar los receptores de la siguiente neurona, reiniciando con ello el proceso. Así es como se transmiten las señales por todo nuestro sistema nervioso.

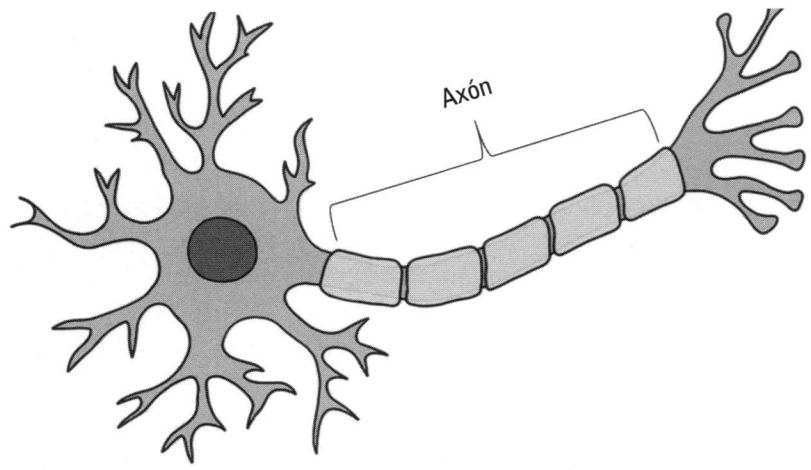

Berger estaba obsesionado con medir la actividad eléctrica cerebral. Creía firmemente en la idea de la conservación de la energía y, en base a ella, pensaba que si lograba medir con exactitud la energía recibida y emitida por el cerebro (electricidad, calor, etc.), quedaría un porcentaje no explicado. Este residuo energético, creía Berger, representaría la energía psíquica responsable de fenómenos como la telepatía.

Berger trabajó durante décadas en el perfeccionamiento de un método de medición de la actividad eléctrica del cerebro. A finales de la década de 1920, logró desarrollar un aparato al que llamó *elektrekephalogramm* y que parecía capaz de realizar estas mediciones. El aparato le permitió registrar la actividad cerebral de varios pacientes y empleados de su hospital, así como la suya y la de su hijo. Publicó en abril de 1929 un estudio en el que recogía sus hallazgos, naciendo así lo que se conocería como «electroencefalograma» o EEG.

El EEG de Berger se convertiría en una revolucionaria herramienta para la neurociencia, aunque Berger no llegó a conocer de su aplicación en vida. Al principio, la mayoría de los científicos creyeron que su aparato simplemente registraba algún tipo de perturbación eléctrica que no se correspondía con la actividad cerebral. La salud de Berger comenzó a deteriorarse en 1938, cuando rondaba los sesenta y cinco años. Sufrió una insuficiencia cardiaca congestiva y se vio obligado a guardar reposo en cama. Al verse incapaz de proseguir con sus investigaciones y ensayos clínicos, entró en una depresión que le llevó al suicidio en 1941.

Registro del sueño con un EEG

Al poco de inventarse el EEG, algunos de los investigadores más serios de la época comenzaron a estudiar lo que ocurría en el cerebro durante el sueño. La mayoría de los científicos de entonces creían que el cerebro simplemente se apagaba durante la noche y no se activaba hasta el día siguiente, por lo que no esperaban obtener demasiada información con estas mediciones de la actividad cerebral.

Sin embargo, el EEG registraría algo totalmente inesperado. Las mediciones realizadas indicaban que la actividad cerebral no se detenía durante el sueño, sino que el cerebro se mantenía activo durante toda la noche siguiendo unos patrones bien definidos que dependían de la duración y profundidad del sueño. Basándose en estas observaciones, los científicos propusieron la división del sueño en varias fases, cada una de ellas caracterizada por la emisión de señales eléctricas específicas por parte del cerebro y del cuerpo.

En la actualidad se acepta, con carácter general, que el sueño consta de cuatro fases principales. Cuando estamos despiertos, la actividad cerebral es «asíncrona». En esta fase, las neuronas del cerebro pueden compararse con un auditorio lleno de gente en la que cada persona habla animadamente con el vecino.

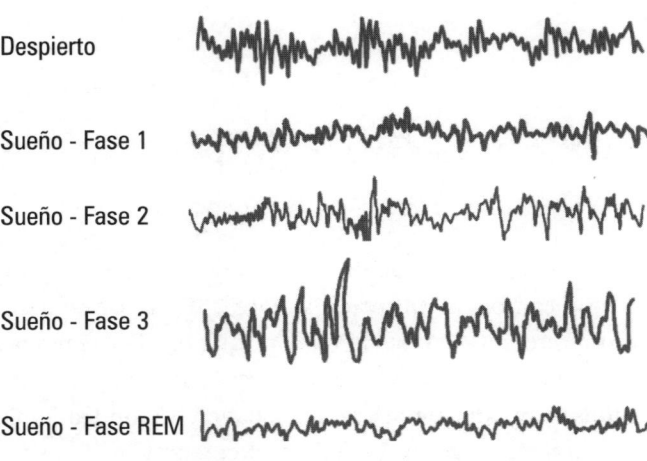

Actividad cerebral durante las diferentes fases del sueño según su registro con un EEG.

Esta cacofonía de voces sin ritmo aparente se debe a que las neuronas del cerebro generan potenciales de acción (impulsos eléctricos) en diferentes momentos.

En el registro de un EEG, este estado de vigilia tiene el aspecto de una sucesión de garabatos muy juntos y sin orden alguno. La actividad eléctrica en un EEG se muestra en forma de ondas y las que se generan cuando estamos despiertos son de alta frecuencia (se registran muchas por segundo) y baja amplitud (no hay mucha distancia entre el pico y el valle de cada onda).

Cuando cerramos los ojos y empezamos a quedarnos dormidos se entra en la Fase 1 del sueño. La frecuencia cardiaca desciende y los músculos se relajan. Esta fase suele durar menos de diez minutos y se trata de un sueño muy ligero. Sin embargo, en esta fase ya comienza a producirse la sincronización de la actividad cerebral. Las ondas cerebrales registradas en el EEG muestran un ritmo más regular y su frecuencia es menor que cuando estamos despiertos.

En la Fase 2 del sueño comienzan a aparecer en el EEG algunos patrones muy particulares. En general, las ondas de la Fase 2 se parecen a las de la Fase 1, pero puntualmente aparece una sucesión rápida de ondas que se conoce como «huso del sueño». Se detectan además, y con carácter periódico, ondas con picos y valles pronunciados que se destacan del resto de las ondas y que se denominan «complejo K». No se sabe qué significan estos patrones ni por qué se producen fundamentalmente durante la Fase 2 del sueño.

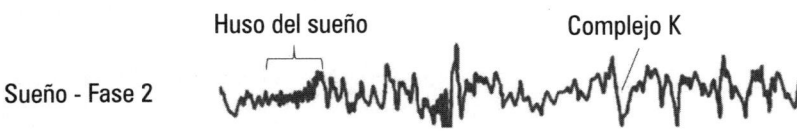

Huso del sueño   Complejo K

Sueño - Fase 2

La Fase 2 sigue siendo todavía un periodo de sueño relativamente ligero, pero todo cambia al entrar en la Fase 3. Esta fase se denomina a menudo como «sueño de ondas lentas» ya que el EEG registra durante ella ondas de una gran amplitud y una frecuencia mucho menor. Por tanto, las ondas adoptan una apariencia suave y redondeada. La Fase 3 del sueño se caracteriza por una actividad cerebral muy distinta de la asincronía que vimos que se producía en un cerebro despierto.

Si comparásemos de nuevo a las neuronas en esta fase con las personas del auditorio de las que hablábamos hace un momento, ya no se dedicarían a hablar cada una por su lado sino que cantarían al unísono y melódicamente, como un coro de cantos gregorianos. En otras palabras, en lugar de activarse cada neurona en un momento distinto, durante la Fase 3 las neuronas activan sus potenciales de acción de forma agrupada y siguiendo un patrón rítmico. Y es en este momento cuando estaremos profundamente dormidos. Se cree que la Fase 3 es importante en lo que se refiere a los efectos reparadores del sueño y es la responsable de esa sensación de frescura que se consigue con una buena noche de descanso.

La última fase del sueño es la del movimiento rápido de ojos o REM (por sus siglas en inglés). En el sueño REM pasa algo extraño. Cualquiera que observe nuestro cuerpo creerá que estamos sumidos en un sueño profundo, siendo el único elemento contradictorio con esta impresión el hecho de que los ojos se muevan con gran rapidez bajo los párpados. Nuestros músculos están totalmente relajados y, si alguien nos levantara el brazo y lo soltara, este caería totalmente inerte. Lo que un observador externo no puede detectar, sin embargo, es que la actividad del cerebro en esta fase es muy similar a la de un cerebro despierto.

De hecho, el sueño REM se conoce también como «sueño paradójico» por la aparente discrepancia entre la actividad del cerebro y la del cuerpo. Es en esta fase en la que experimentamos los sueños más vívidos y algunas evidencias apuntan a que los movimientos de los ojos en el sueño REM se corresponden con movimientos de visualización de las escenas que soñamos.[6]

Movimiento nocturno

Dado que los sueños se producen durante el sueño REM, y considerando que parece que nuestros ojos reaccionan a las imágenes soñadas como si realmente las estuvieran viendo, podemos formular una hipótesis bastante sólida que explicaría por qué la actividad muscular se inhibe durante este periodo. Si no ocurriera así, nuestros cuerpos comenzarían a actuar como lo harían si el sueño fuera real: nos moveríamos mientras nuestra mente consciente permanecería totalmente ajena a esta actividad corporal.

De hecho, es esto precisamente lo que les ocurre a los pacientes que sufren «trastorno de conducta durante la Fase REM» (RBD, por sus siglas en inglés). Este trastorno se debe a la incapacidad del cerebro para inhibir la actividad muscular durante el sueño REM. Al mantener un tono muscular normal, el paciente puede presentar una serie de comportamientos que van desde el movimiento inconsciente de brazos o piernas a la vivencia total de un sueño (este problema es distinto del sonambulismo, que no suele producirse durante la Fase REM y que normalmente resulta en comportamientos muy cotidianos como sentarse en la cama o dar un paseo tranquilo por la casa). Vivir físicamente nuestros sueños es obviamente peligroso, tanto para la persona con RBD como para cualquiera que comparta su cama. Un paciente con RBD puede arremeter contra un mueble en medio de la noche, dar puñetazos a la pared o atacar a la persona que duerme a su lado. En todos estos casos, el paciente se mueve exactamente como lo visualiza en el sueño, en el que podría estar defendiéndose de un agresor, por ejemplo.

El exceso de inhibición muscular durante el sueño REM también puede suponer un problema. Muchas personas experimentan la sensación –normalmente al despertar, aunque también puede ocurrir cuando comenzamos a dormirnos– de que su cerebro está activo y consciente, sin que sean capaces de mover su cuerpo. Pueden permanecer inmóviles en la cama durante segundos o incluso minutos, lo que suele producir una progresiva sensación de miedo. Otras personas describen experiencias de tipo alucinación, como la visualización de un intruso en su habitación o la sensación de escapar flotando de su cuerpo.

Este trastorno se denomina «parálisis del sueño». Aunque no se comprende con precisión su naturaleza, se cree que se produce cuando algunas zonas del cerebro se activan mientras que otras permanecen sumidas en la Fase REM. Por ejemplo, si ocurre cuando el paciente está despertando, los músculos permanecen inhibidos pero la persona ya retoma la consciencia y lo hace como si estuviera en un sueño del que no logra despertar. Afortunadamente, aunque estos episodios pueden asustar al paciente, este tipo de parálisis suele desaparecer con rapidez y el hecho de experimentarla no suele ser síntoma de trastornos más graves. En la mayoría de los casos no pasan de ser acontecimientos muy esporádicos.

El cerebro durmiente

La aparición del EEG ayudó a los investigadores a descubrir que el sueño es algo más que un periodo de descanso para el cerebro. Sin embargo, fueron necesarias muchas investigaciones para establecer qué regiones del cerebro son las responsables de las oscilaciones eléctricas que hemos visto que se registran en un EEG durante una noche de sueño.

En la década de 1930, el neurocientífico Frederic Bremer realizó una serie de experimentos con gatos que ayudaron sustancialmente a identificar esas regiones cerebrales. Sus experimentos se basaban en la extirpación quirúrgica de una estructura denominada «tronco o tallo cerebral» y que tiene precisamente esa forma, la de un tronco que conecta el resto del cerebro con la médula espinal. Al extirparlo, Bremer separaba efectivamente el cerebro en dos partes y lo separaba también del cuerpo.

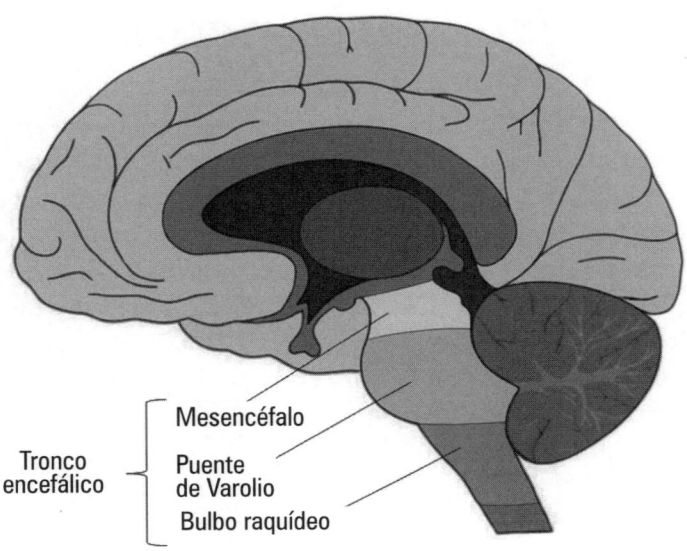

Mesencéfalo

Tronco
encefálico

Puente
de Varolio

Bulbo raquídeo

Obviamente, dependiendo del punto de corte en el tronco cerebral, se llegaba a hacer necesario el recurso a la respiración asistida para evitar la muerte del animal que, en cualquier caso, perdía toda posibilidad de supervivencia posterior. Sin embargo, Bremer conseguía mantener vivos los cerebros de estos animales y, utilizando el EEG, observaba si mantenían su actividad característica durante las distintas fases del sueño.

Bremer observó que si la incisión la realizaba en la parte alta del tronco cerebral, en la zona denominada «mesencéfalo», el cerebro del gato entraba en un sueño de onda lenta continuo. Sin embargo, si practicaba el corte justo por encima de la médula espinal, en lo que se denomina «bulbo raquídeo» –también conocido como «médula oblonga»–, la actividad del cerebro del animal conservaba la capacidad de transitar por las distintas fases del sueño: vigilia, sueño no REM y sueño REM.

Estos hallazgos sugieren que la sección del cerebro por encima del mesencéfalo es la responsable de producir el sueño de onda lenta, mientras que la sección del tronco cerebral que va del mesencéfalo al bulbo raquídeo es la promotora de las fases de vigilia y sueño REM.

Entremos en materia

Las regiones del cerebro situadas por encima del mesencéfalo se denominan a veces como «prosencéfalo» o «cerebro anterior». Son un grupo de estructuras que se sitúan en la parte delantera del cerebro durante la fase de desarrollo embrionario. El prosencéfalo incluye todo el tejido cerebral que conforma los hemisferios cerebrales, así como el tálamo y el hipotálamo. Hablaremos del tálamo con más detalle en el capítulo 7, pero de momento solo necesitamos saber que es una estructura situada en la zona central del cerebro y que es de paso obligado para toda la información proveniente del tronco cerebral en su camino hacia la corteza cerebral.

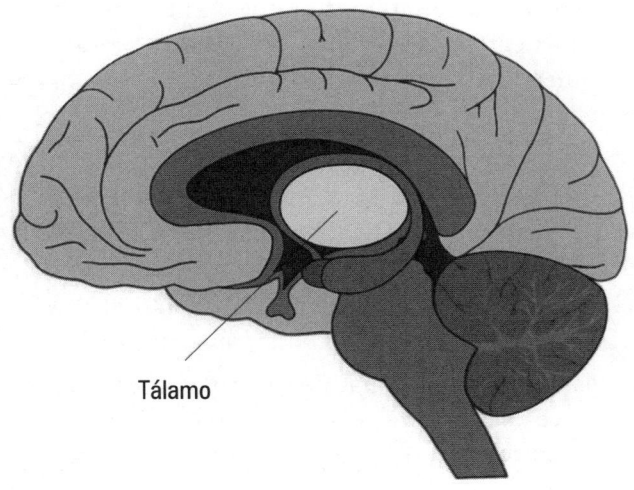

Tálamo

Después de que las investigaciones de Bremer sugirieran que el prosencéfalo era importante para el desarrollo del sueño de onda lenta, otros científicos trataron de clarificar la naturaleza de esta relación. Descubrieron que podían provocar sueños de onda lenta en animales a través de la estimulación de ciertas partes del prosencéfalo[7] y también eran capaces de inhibirlo al lesionar otras.[8] Cuando hablamos de «estimulación eléctrica» en este contexto, nos referimos a hacer pasar una suave corriente eléctrica a través de una zona determinada del cerebro.

Dado que las neuronas poseen propiedades eléctricas, este tipo de estimulación normalmente logra activarlas, permitiendo así a los científicos observar lo que ocurre cuando se «encienden» en una región específica del cerebro. Debe precisarse que la estimulación eléctrica de las neuronas no implica ningún tipo de dolor (como veremos más adelante, la manipulación del tejido cerebral es normalmente indolora), siendo muy habitual su utilización experimental, motivo por el que se mencionará con frecuencia a lo largo de este libro.

Los investigadores llegaron a la conclusión de que algunos grupos de neuronas del prosencéfalo emiten los neurotransmisores ácido gamma aminobutírico (GABA) y galanina. Estos neurotransmisores se consideran de tipo inhibidor, puesto que su efecto inmediato sobre otras neuronas es el de reducir su nivel de activación. Por tanto, se piensa que estas regiones del prosencéfalo emiten neurotransmisores inhibidores para reducir la actividad en otras partes del cerebro –esa actividad característica de la vigilia–, permitiendo así que el cerebro al completo se sumerja en un periodo de sueño de onda lenta.

El «núcleo preóptico ventrolateral» (NPVL) es una región del hipotálamo que parece tener una especial relevancia en esta labor inhibidora. Las neuronas productoras de neurotransmisores GABA y galanina llegan desde el NPVL hasta otras neuronas promotoras de la vigilia en el cerebro e inhiben su actividad. Por tanto, el NPVL parece ser clave a la hora de mandar a dormir a otras partes del cerebro.

Hemos visto que las neuronas del prosencéfalo, y en particular las del hipotálamo, se encargan de sedar a nuestro cerebro. ¿Y qué es lo que hace que el tronco cerebral sea capaz de despertarnos? En la década de 1940 se descubrió que la estimulación eléctrica de una parte del tronco cerebral produce el efecto de despertarnos de inmediato.[9] Las neuronas de esta parte del tronco cerebral –que acabaría denominándose «sistema de activación reticular» (SAR)– ascienden desde el tronco hasta el tálamo y después llegan a la corteza cerebral. Allí estimulan la corteza para despertar al cerebro.

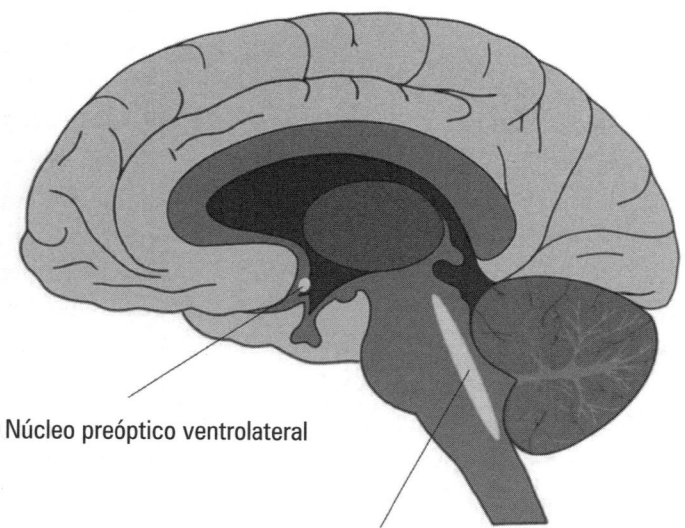

Núcleo preóptico ventrolateral

Sistema de activación reticular

De momento hemos establecido la existencia de una región en el prosencéfalo encargada de fomentar el sueño y otra en el tronco cerebral que nos despierta. Se necesitan, sin embargo, al menos un par de componentes adicionales para que el sistema del sueño funcione con normalidad. El mecanismo del prosencéfalo es capaz de generar sueños de onda lenta, pero no parece producir el sueño REM. Los investigadores han descubierto que la región del tronco cerebral denominada «puente de Varolio» es clave en el sueño REM. El puente es ese saliente del tronco cerebral tan anatómicamente característico del cerebro humano. Cualquier lesión del puente produce trastornos en el sueño REM[10] y su estimulación eléctrica conduce al paciente al sueño REM.[11] Parece ser que las neuronas de esta región también son las responsables de inhibir la actividad de las neuronas motoras, lo que provoca la pérdida de tono muscular que se observa durante el sueño REM.

Además de estas tres regiones, encargadas de los tres pilares básicos del sueño y del despertar, parece razonable pensar que exista una especie de centro de control que facilite las transiciones entre todas estas fases. El estudio de la narcolepsia –un trastorno caracterizado por la somnolencia excesiva– ha servido a los investigadores para descubrir ese centro de control.

La narcolepsia
y el centro de control del sueño

La mayoría de las personas que sufren trastornos del sueño tienen problemas para conciliarlo o para permanecer dormidos durante toda la noche. El insomnio resulta muy desagradable, pero hay un trastorno menos frecuente que es todavía peor: la narcolepsia

Los pacientes con narcolepsia sufren una somnolencia incontrolable y sienten una necesidad imperiosa de dormir en cualquier momento del día, incluso después de haber dormido una noche entera del tirón. Pueden sentirse incapaces de combatir el sueño en los momentos más inoportunos: en medio de una conversación, durante una comida o mientras conducen.

Normalmente estos periodos de somnolencia no duran demasiado tiempo –media hora como máximo– y los pacientes se sienten revitalizados después de dormir, como le pasa a la mayoría de las personas después de una breve siesta. El problema es que después de un par de horas pueden volver a sentir esa irrefrenable necesidad de dormir.

Muchos pacientes con narcolepsia también experimentan repentinas pérdidas de control muscular mientras están despiertos. A menudo se desploman en el suelo, incapaces de moverse durante unos segundos o incluso minutos. Esta pérdida de funcionalidad muscular se denomina «cataplexia» y se trata de un proceso similar al que se produce durante un sueño REM normal, pudiendo verse desencadenado por respuestas emocionales intensas como la risa, el enfado o la sorpresa.

Los investigadores comenzaron a entender en qué consiste la narcolepsia a través del estudio del sueño en los perros. Aunque los perros pueden sufrir este trastorno, el exceso de somnolencia no parece ser tan obvio o problemático en ellos (es cierto que cabecear mientras tu dueño te dice que eres un buen perro nunca nos parecerá tan grave como quedarse dormido en medio de una reunión importante con el jefe). La cataplexia es el síntoma más fácilmente reconocible de la narcolepsia en los perros, ya que a menudo se produce cuando el perro se sobreexcita como, por ejemplo, cuando se le muestra comida.

A finales de la década de 1990 se desentrañó el misterio de la narcolepsia canina y se identificó su origen en la mutación de un gen involucrado en la producción de los receptores de una sustancia denominada orexina o hipocretina.[12] La orexina es un neuropéptido, es decir, una pequeña proteína que puede actuar como neurotransmisor. Las neuronas productoras de orexina se localizan fundamentalmente en el hipotálamo y la mutación canina a la que nos referimos elimina la funcionalidad de los receptores de orexina.

Parece que la orexina también es clave en el caso de las personas con narcolepsia. Por razones aún desconocidas, los pacientes con este trastorno carecen de hasta un 95 por ciento de las neuronas productoras de orexina en su hipotálamo.[13]

Debido a su papel en la narcolepsia, los investigadores creen que la orexina puede ser clave en la regulación del tránsito entre los estados de sueño y vigilia en el cerebro.

Las neuronas productoras de orexina envían señales a todo el cerebro, incluidas las regiones involucradas en el proceso de despertar. La estimulación de esas áreas permite a la orexina «presionar» al cerebro para que despierte, por lo que la reducción de la actividad de la orexina hará que el cerebro se duerma.

Si las neuronas productoras de orexina no funcionan correctamente, la transición entre el sueño y la vigilia se descontrola. Se pasaría de un estado a otro repetidas veces, además de producirse problemas en la transición del sueño REM al sueño no REM. Se piensa que estas fluctuaciones anormales son las responsables de la somnolencia repentina y la pérdida de control muscular que se observan en la narcolepsia y la cataplexia, respectivamente. Por tanto, las neuronas productoras de orexina parecen ser un elemento fundamental en el control de la transición entre el sueño y la vigilia.

El interruptor del sueño

Hemos identificado ya una red de zonas del cerebro involucradas en el sueño, por lo que el siguiente reto consiste en identificar los factores que impulsan al cerebro a decidir que ha llegado la hora de dormir. Una hipótesis bastante extendida propone que las regiones del cerebro promotoras de la vigilia y del sueño están en una especie de competición continua. Si las regiones promotoras de la vigilia están más activas, lograrán inhibir la acción de las promotoras del sueño, y viceversa. Es decir, las regiones comparativamente más activas logran inducir el comportamiento al que están vinculadas, sea este el sueño o la vigilia. De esta forma, las regiones del cerebro involucradas en el sueño forman en conjunto una especie de interruptor que nos sitúa en estado de sueño o de vigilia.

Sin embargo, todos sabemos que dormirse no es tan sencillo como apretar un interruptor, o al menos no lo es para la mayoría de nosotros. Se trata de un proceso gradual en el que la sensación de sueño aumenta progresivamente con la transición del día a la noche.

El modelo del interruptor del sueño es, sin embargo, compatible con esta observación. A medida que el día se convierte en noche, más neuronas promotoras del sueño se activarían hasta que, llegados a un punto, superarían al número de neuronas activas promotoras de la vigilia. Estos cambios pueden producirse por diferentes motivos.

Te está entrando sueño...

El deseo de dormir aumenta por diferentes razones. Imaginemos, por ejemplo, que ha sido un día largo y estamos conduciendo de noche. A medida que avanza la noche los ojos se vuelven más pesados y el cuerpo se siente aletargado, mientras que nuestra mente se vuelve confusa y tiende a distraerse. Cuanto más tiempo permanecemos despiertos, más se acentúa esta sensación.

TIEMPO DE PANTALLA Y SUEÑO

En la actualidad, el uso intensivo de teléfonos móviles, tabletas y ordenadores ha llegado a un punto en el que la mayoría de nosotros nos pasamos incluso los últimos momentos del día antes de dormir mirando a una pantalla. Las últimas investigaciones sugieren que se trata de un mal hábito. Las pantallas de estos aparatos emiten luz azul de onda corta y algunos estudios apuntan a que este tipo de luz interfiere con el sueño.[14] Podría provocar una menor secreción de melatonina, una hormona que se cree interviene en el mantenimiento de los ritmos circadianos del organismo (nuestro reloj biológico). Si no tienes más remedio que usar un aparato electrónico antes de ir a dormir, asegúrate de que tiene un filtro de luz azul (muy habitual en los equipos modernos). También conviene reducir la intensidad de la pantalla al mínimo posible y mantener una distancia de unos treinta centímetros entre los ojos y la pantalla. Estas precauciones pueden ayudar a minimizar los efectos negativos de la luz azul.

Por otra parte, es normal sentir cansancio por la noche a medida que se acerca la hora de ir a dormir. Este tipo de cansancio es posiblemente menos intenso, aunque sí más habitual, y representa el esfuerzo que hace nuestro cuerpo para ajustarse al horario de su reloj interno.

Ambas percepciones −el aumento de la somnolencia a medida que pasamos más tiempo despiertos y la necesidad de dormir siguiendo el ritmo de nuestro reloj interno− son ciertas. Los científicos no pueden explicar todos los mecanismos que nos producen la sensación de cansancio, pero sí se sabe que existen al menos dos vías para producir cansancio. Una de ellas implica la acumulación de una sustancia promotora del sueño que se va segregando durante los periodos de vigilia, mientras que la otra vía se relaciona con el reloj interno del organismo que regula un buen número de comportamientos humanos, incluido el sueño.

Adenosina y sueño

Cuando las células utilizan el adenosín trifosfato (ATP) para obtener energía, generan un subproducto llamado «adenosina». Las células reaprovecharán esa adenosina para producir más ATP, pero la adenosina tiene una tendencia a ir acumulándose en el cerebro.

La adenosina tiene efectos sedantes ya que puede actuar como neurotransmisor y activar los receptores del NPVL vinculados a la aparición del sueño. Puede igualmente inhibir las neuronas que forman parte del sistema de activación reticular.

Por tanto, la acumulación de adenosina –como subproducto derivado del uso celular de la energía– podría servir como señal indicativa al cerebro de que nuestras reservas de energía están bajas. En otras palabras, un nivel elevado de adenosina sugiere que hemos hecho un gran consumo de energía y el cerebro nos incita a descansar para permitir al cuerpo reponer sus reservas energéticas.

La función de la adenosina como inductora del sueño sirve además para explicar los efectos de la sustancia estimulante que más se disfruta en todo el mundo: la cafeína. El mecanismo de actuación primario de la cafeína se base en el bloqueo de los receptores de adenosina, lo que limita la capacidad de esta sustancia para influir sobre el cerebro. Dado que la adenosina genera somnolencia, al bloquearla se logra aumentar el nivel de alerta y vigilia del organismo.

La acumulación de adenosina, por el contrario, nos ayuda a entender por qué cuando permanecemos despiertos durante mucho tiempo acabamos sintiendo cada vez más sueño. Sin embargo, nuestros patrones de sueño no solo dependen del tiempo que permanecemos despiertos, ya que se rigen además por un reloj biológico interno que incesantemente marca las horas en nuestro cerebro.

24/7

Casi todas las formas de vida dependen de alguna manera de la rotación diaria de nuestro planeta y de los periodos alternantes de luz solar y oscuridad que esa rotación produce. Nuestro organismo ha evolucionado para adaptarse también a ese ciclo de veinticuatro horas. En otras palabras, nuestro cuerpo se guía por un patrón que marca su actividad a lo largo del día y que conocemos como «ritmo circadiano». Los ritmos circadianos no solo marcan los momentos en los que despertamos o nos dormimos, sino que también las horas de comer y beber, e incluso la secreción de hormonas por parte del organismo.

Si somos capaces de fijar internamente estos horarios dentro de las veinticuatro horas de cada día, nuestro cerebro o el cuerpo debe ser capaz de saber qué hora es de alguna manera. A principios de la década de 1970, los investigadores descubrieron que esta función parecía corresponder a dos pequeñas estructuras del hipotálamo denominadas «núcleos supraquiasmáticos». Los científicos experimentaron con ratas a las que se les habían dañado estos núcleos y observaron que eran incapaces de regirse por los ritmos circadianos normales.[15] En lugar de mantener su patrón de actividad por la noche (las ratas son animales nocturnos), los ejemplares lesionados no seguían un patrón claro de comportamiento, durmiendo y activándose de manera aleatoria a lo largo de las veinticuatro horas del día.

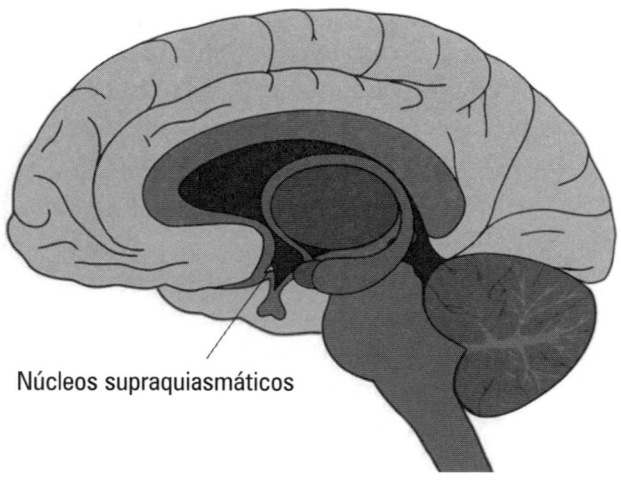

Núcleos supraquiasmáticos

Pronto se comprobaría que este descubrimiento era extensible a otros animales, incluidos los humanos. Sabemos que las células de los núcleos supraquiasmáticos son capaces de controlar el tiempo. Lo hacen a través de un ciclo complejo de transcripción génica y producción de proteínas que se completa en periodos de aproximadamente veinticuatro horas. Estas células también utilizan otra serie de indicadores, como información proveniente de la retina o la presencia de la hormona melatonina –que suele segregarse en mayor cantidad en la oscuridad–, para ajustar sus relojes internos en los casos en los que la intensidad de luz percibida no se corresponde con la lectura de esos relojes internos. Esto ocurre, por ejemplo, cuando se atraviesan varias zonas horarias viajando en avión, circunstancia que altera el funcionamiento de nuestros relojes internos y provoca el conocido *jetlag*.

Las células de los núcleos supraquiasmáticos están conectadas con otras zonas del hipotálamo (por ejemplo, con neuronas productoras de orexina) encargadas de la función de interruptor entre los estados de sueño y vigilia. Los núcleos logran así intervenir de forma determinante en la regulación del sueño, tratando de garantizar que seguimos un ritmo adecuado durante las veinticuatro horas del día y que implica dedicar alrededor de ocho horas a dormir.

Es obvio que muchos de nosotros no logramos dormir ocho horas casi nunca. Hay casos en los que esto no supone un problema. Ocho horas es la cantidad de sueño adecuada y saludable para muchas personas, pero es una cifra promedio: hay personas que necesitan dormir más para encontrarse bien y otras que con menos horas están perfectamente sanas. El problema es que muchos de nosotros no logramos dormir las horas mínimas y necesarias para funcionar de manera óptima a lo largo del día. El insomnio es uno de los trastornos del sueño más habituales y, aunque las posibles causas explicativas son demasiadas como para describirlas aquí en detalle, una de las causas del insomnio, dado su extendido consumo, puede ser la cafeína.

La droga favorita de América

Las sociedades modernas están obsesionadas con la productividad. Muchos de nosotros nos marcamos objetivos y metas desde el mismo momento de despertarnos cada día, y nos vemos obligados a exprimir nuestro tiempo y capacidades durante el resto de la jornada para tratar de alcanzarlos.

Queremos acabar el día con la lista de tareas completada y a menudo recurrimos a la cafeína para obtener la energía necesaria para conseguirlo.

Se estima que hasta un 90 por ciento de la población de EE. UU. consume bebidas con cafeína habitualmente. Además, la cantidad de cafeína consumida ha venido aumentando en los últimos años. Los datos del periodo 1999-2010 apuntan a que la ingesta diaria media de cafeína ha pasado de 120 miligramos a 165 miligramos.[16] La cantidad contenida en las diferentes bebidas con cafeína varía, pero en media 300 mililitros de café contienen unos 120 miligramos de cafeína, mientras que para consumir 165 miligramos de cafeína habría que beberse 475 mililitros de café.

El insomnio y la somnolencia diurna son más habituales en EE. UU. desde comienzos del siglo XXI, especialmente entre ciertos grupos de edad. Un estudio ha establecido que el insomnio y los problemas para dormir entre los jóvenes de dieciocho a veinticuatro años aumentaron en un 30 por ciento entre los años 2002 y 2012.[17]

Sería temerario, desde el punto de vista científico, decir que el consumo de cafeína es la causa del aumento del insomnio. La existencia de una correlación (ambos aumentan) no implica saber realmente cuál es la influencia efectiva de la cafeína sobre las tasas de insomnio. Sí puede ser, en cualquier caso, un factor relevante en los problemas de sueño de algunas personas y, dada su prevalencia en nuestra sociedad, la cafeína puede influir en el sueño sin que ni siquiera nos demos cuenta. Saber un poco más sobre el mecanismo de funcionamiento de la cafeína nos puede ayudar a gestionar su consumo y evitar que tenga un impacto negativo sobre la calidad de nuestro sueño.

Los efectos persistentes de la cafeína

Como ya se ha mencionado, el mecanismo principal por el que la cafeína actúa es el del bloqueo de los receptores de adenosina. Al hacerlo, la cafeína evita que la presencia de adenosina nos haga percibir nuestro cansancio y, por el contrario, nos hará sentirnos más despiertos y alerta. Mientras la cafeína fluya por nuestro organismo, la probabilidad de que el interruptor pase a modo sueño es más baja.

Se trata obviamente de un recurso muy útil cuando necesitamos permanecer despiertos o acabar un trabajo, pero puede resultar problemático si la acción de la cafeína se prolonga una vez decidamos que es hora de ir a la cama.

La cafeína permanece en nuestro organismo durante un periodo relativamente largo después de su consumo. Las sustancias químicas que consumimos tienen una característica interesante: la «semivida». Desde que consumimos un fármaco o una droga, las enzimas de nuestro cuerpo comienzan a descomponerla y a eliminarla de la sangre. El tiempo necesario para eliminar el 50 por ciento de la cantidad consumida de una sustancia es lo que se conoce como semivida. La semivida de la cafeína varía mucho de una persona a otra, pero el promedio es de cinco horas. Esto significa que cinco horas después de beber una taza pequeña de café (con 100 miligramos de cafeína), la presencia de cafeína en nuestra sangre se habrá reducido a la mitad, es decir, a 50 miligramos.

El cuerpo necesitará otras cinco horas para eliminar un 50 por ciento adicional de cafeína. Es decir, a las cinco horas del consumo inicial nuestra sangre contiene 50 miligramos de cafeína y pasadas otras cinco horas todavía permanecen en ella 25 miligramos. Transcurridas cinco horas más la concentración de cafeína pasa a ser de 12,5 miligramos, y así sucesivamente.

La cafeína tiene una semivida larga y esto supone un problema para las personas que consumen bebidas con cafeína a última hora del día. Beber, por ejemplo, una taza de café con 200 miligramos de cafeína a las 18:30h significa que a las 23:30h todavía permanecerán en nuestro sistema

100 miligramos de cafeína. Es posible que nos sintamos somnolientos, pero si tratamos de tumbarnos a dormir, la cafeína que todavía fluye en nuestra sangre dificultará el que conciliemos el sueño.

¿Hasta qué hora podemos bebernos esa última taza de café o té, o un refresco con cafeína? La respuesta depende en gran medida del organismo de cada uno. La respuesta a la cafeína –su semivida en el organismo– difiere mucho de unas personas a otras y se ve influida por gran variedad de factores, desde la genética a la edad pasando por el embarazo. Por ejemplo, el embarazo y la edad avanzada prolongan los efectos de la cafeína: la semivida de la cafeína para una mujer en el último trimestre de embarazo puede ser de hasta dieciocho horas.[18] Para muchas personas, tomarse una bebida con cafeína a las dos de la tarde no supone un problema, pero para otras puede serlo incluso hacerlo más tarde del mediodía.

En un estudio científico se analizaron los efectos de la cafeína sobre el sueño suministrando 400 miligramos de cafeína a los participantes seis horas antes de irse a dormir, tres horas antes y justo antes de irse a la cama. No sorprenderá saber que una dosis elevada de cafeína como esta, tanto justo antes de ir a dormir como tres horas antes, provocó dificultades para conciliar el sueño. También se redujo el tiempo total de sueño en una hora en los participantes que consumieron la dosis seis horas antes de ir a dormir.[19]

MELATONINA PARA DORMIR

Hoy en día se cuenta con un buen número de fármacos para tratar el insomnio, pero si estás buscando un medicamento sin receta para combatir tu insomnio, la melatonina puede ser una buena opción. La melatonina es una hormona producida por una pequeña estructura del cerebro denominada «glándula pineal». Se cree que interviene en la regulación de los ritmos circadianos. La melatonina sintética se vende sin receta en farmacias y existen algunas evidencias que sugieren que podría reducir ligeramente el tiempo necesario para conciliar el sueño además de aumentar la calidad de este.[20] Hay que tomar precauciones al consumir melatonina, puesto que esta sustancia, al igual que ocurre con otros remedios naturales, no está regulada por la Administración de Alimentos y Medicamentos de los Estados Unidos (FDA, por sus siglas en inglés).* La supervisión del contenido real de melatonina en este tipo de productos no es la adecuada, por lo que conviene informarse y adquirir melatonina producida por un laboratorio de reconocido prestigio.

En otro pequeño estudio se analizaron los efectos del consumo de 200 miligramos de cafeína a primera hora de la mañana sobre la calidad del sueño durante la noche siguiente. Los participantes, consumidores habituales de cafeína, tomaron su dosis de 200 miligramos de cafeína a las siete de la mañana y se fueron a dormir a las once de la noche. Incluso en este caso se observó una ligera reducción del tiempo total de sueño y se registraron ligeras diferencias en la actividad eléctrica del cerebro durmiente.[21]

El insomnio puede producirse por multitud de razones. En el caso de los consumidores de cafeína, lo más probable es que la cafeína no sea la más importante de entre todas ellas.

La identificación de las verdaderas causas del insomnio, en caso de que lo suframos, es más bien un ejercicio de ensayo y error. Sin embargo, el insomnio crónico se vincula cada vez más con problemas graves de salud, desde los cardiovasculares al cáncer, por lo que conviene tratar de desentrañar las verdaderas causas del problema y modificar nuestros hábitos en consecuencia: puede ser la decisión vital más importante de cara a la protección de nuestra salud.

----

* **N del T.** En España este tipo de suplementos sí están regulados por la Agencia Española de Medicamentos y Productos Sanitarios (AEMPS).

CUATRO

Lenguaje

Yuki ingresó en el hospital cuando tenía cincuenta y tres años después de comenzar a sufrir, repentinamente, una serie de alarmantes síntomas como fuertes dolores de cabeza, problemas de visión y dificultades con el habla. Después de realizarle varias pruebas, los médicos concluyeron que Yuki sufría una hemorragia cerebral.

Una hemorragia o derrame cerebral es algo tan terrible como suena. Se produce cuando un vaso sanguíneo del cerebro se debilita y se rompe, derramando sangre por el tejido cerebral circundante. La sangre se acumula formando un hematoma cerebral. A medida que ese hematoma se extiende va dañando las neuronas que encuentra a su paso y la sangre comienza a ocupar un espacio dentro del cráneo normalmente reservado al cerebro, lo que adicionalmente genera una presión sobre otras zonas del cerebro, susceptibles igualmente de sufrir lesiones. El riesgo de muerte o incapacidad grave es elevado.

Yuki, sin embargo, tuvo suerte. Los médicos detectaron un gran hematoma en el hemisferio izquierdo de su cerebro y fueron capaces de eliminarlo quirúrgicamente. Después de la operación, la mayoría de los síntomas sufridos por Yuki desaparecieron, con la excepción de algunos problemas persistentes con el lenguaje. Yuki parecía poder hablar con normalidad: utilizaba verbos, adverbios, adjetivos y los demás elementos del lenguaje sin problema. Sin embargo, Yuki tenía graves problemas para recordar los nombres de las cosas. Reconocía un árbol, una pared o su pie, pero era incapaz de llamarlos por su nombre. Obviamente, esto suponía un grave problema de comunicación para Yuki.

Por ejemplo, si se le preguntaba qué era una cuchara, Yuki era capaz de decir «algo con lo que me llevo la comida a la boca». Era capaz de demostrar cómo se utilizaba, pero le resultaba imposible decir «cuchara». Cuando los médicos le mostraron una fotografía de un caballo lo describió como «esa cosa que corre en la televisión los domingos».[1]

Yuki sufría un trastorno del lenguaje conocido como «afasia anómica». El término «afasia» se refiere generalmente a cualquier trastorno del habla causado por una lesión cerebral, mientras que «anomia» significa «sin nombres». La afasia anómica es un tipo de afasia relativamente leve, ya que las personas que la sufren suelen lograr comunicarse sin necesariamente tener que usar los nombres de los objetos. Suelen recurrir a descripciones, como hizo Yuki con el caballo. El recurso a la descripción, los movimientos de manos y los gestos les permite transmitir su mensaje, especialmente si el receptor es consciente del problema y tiene algo de paciencia. En cualquier caso, se trata de un trastorno frustrante y los que lo sufren se pasan la vida buscando una palabra que siempre tienen en la punta de la lengua, pero que nunca logran pronunciar.

Hay varios tipos de afasia y cada uno de ellos puede implicar un déficit tremendamente específico, desde la incapacidad para utilizar determinados elementos de la frase a no ser capaz de leer a pesar de saber escribir. En este último caso se puede dar la extraña situación en la que un paciente escribe algo y luego no sabe leerlo. La especificidad de las afasias nos sirve como herramienta para apreciar los distintos elementos informativos que el cerebro es capaz de coordinar para producir el lenguaje. En una afasia, la simple eliminación de uno de esos componentes produce un trastorno grave del uso del lenguaje.

De hecho, el lenguaje no es una habilidad aislada, sino el resultado de la actuación conjunta de varias capacidades. Pronunciar una sencilla frase como «he ido a la tienda» requiere de, entre otras cosas, el acceso a la memoria en busca del vocabulario adecuado, la elección de las palabras correctas, el recuerdo de las reglas gramaticales que rigen el uso de las palabras elegidas y el posterior diseño de un plan de movimiento muscular (en la boca, la lengua y la garganta) capaz de generar el sonido correspondiente al discurso conformado. Es una orquesta muy compleja de acompasar y el cerebro actúa como su prodigioso director.

De hecho, el lenguaje es en muchos sentidos la función más impresionante de las que tiene el cerebro humano. Nuestra capacidad, no solo para expresarnos, sino también para hacerlo con un lenguaje rico y utilizarlo de manera creativa y diversa, nos distingue claramente del resto de los animales. Este lenguaje nos permite transmitir información instantáneamente de un humano a otro, además de posibilitar la transmisión de esa información de generación en generación. Sin el lenguaje no es posible imaginar lo que sería de la humanidad.

Y, sin embargo, lo damos por hecho. ¿Cuándo te has parado a pensar por última vez en lo impresionante que es poseer una cualidad tan increíble y que nos sitúa en una posición envidiable dentro de la jerarquía de los organismos vivos del planeta, además de permitirnos desde pedir comida a domicilio hasta expresar nuestro amor hacia otra persona?

Si el lector se parece un poco a mí, es probable que no piense demasiado en ello. El uso del lenguaje no supone esfuerzo alguno para la mayoría de nosotros y ni siquiera pensamos al hacerlo (salvo cuando nos dedicamos a una tarea específica como la de escribir un libro, circunstancia en la que el uso del lenguaje torna en agonía). Aprendemos a utilizar el lenguaje de forma relativamente sencilla. De hecho, parece como si nuestros cerebros estuvieran estructurados para adquirir la capacidad de usar el lenguaje, al menos hasta los siete años aproximadamente[2] (algunos estudios recientes sugieren que incluso hasta la adolescencia o incluso hasta los dieciocho años).[3]

Con el tiempo, el cerebro se vuelve algo más rígido. Se centra en detectar y usar los matices de una única lengua, en lugar de dedicarse a hacer pinitos con multitud de idiomas. A pesar de dicha rigidez –o a lo mejor debido a ella–, el humano adulto conoce como promedio 40 000 palabras[4] y la mayoría de ellas las ha aprendido sin ni siquiera pretenderlo.

La afasia anómica de Yuki nos ayuda a ser conscientes de la fragilidad de nuestra habilidad para utilizar el lenguaje. Una hemorragia cerebral y otros trastornos neurológicos pueden destruir con gran rapidez nuestra capacidad para utilizar el lenguaje, un talento que nos pasamos cultivando toda la vida.

A pesar de ser tan problemáticas para los pacientes que las sufren, las afasias nos han enseñado mucho sobre la neurociencia del lenguaje. De hecho, el estudio de estos pacientes sentó las bases del concepto moderno del procesamiento del lenguaje en el cerebro.

El Dr. Broca conoce a «Tan»

En abril de 1861, un hombre de cincuenta y un años ingresaba en el Hospital Bicêtre, a las afueras de París, para someterse a una cirugía que tratara su pierna gangrenada. Su nombre era Louis Victor Leborgne y quedó a cargo de un joven cirujano llamado Paul Broca.

Leborgne había tenido una vida difícil y estaba, en realidad, al borde de la muerte cuando entró en el quirófano de Broca. Sufría epilepsia desde muy joven y a los treinta años ya había perdido la capacidad de hablar con fluidez. Pasados los cuarenta comenzó a perder la funcionalidad del lado derecho del cuerpo hasta quedar hemipléjico (parálisis de una mitad del cuerpo) y postrado en una cama. A partir de entonces se inició un deterioro progresivo de su visión y de su capacidad cognitiva, por lo que la infección bacteriana en su pierna solo parecía ser la gota que colmaba el vaso de un cuerpo sumamente maltratado.

Leborgne no era un caso demasiado especial entre los pacientes a los que Broca atendía en el Hospital Bicêtre, pero su dificultad para usar el lenguaje llamó la atención de Broca. Leborgne parecía tener pensamientos y trataba de comunicarlos, pero cuando lo intentaba únicamente lograba pronunciar un mismo sonido repetitivo y sin sentido: «tan». De hecho, en el hospital todo el mundo le conocía como «Tan». Las referencias a este caso utilizan tanto su sobrenombre que la mayoría de los estudiantes de psicología y neurociencia también lo conocen como «Tan» y no como Leborgne.

Broca era algo más que un cirujano y se convertiría en uno de los neurocientíficos más influyentes de la historia moderna. Broca se dio cuenta de que Leborgne no era un paciente cualquiera y pudo utilizar su caso para cerrar el debate sobre la región del cerebro en la que se localizan las capacidades lingüísticas.

Este debate formaba parte de una controversia aún mayor en neurociencia: ¿se encargan ciertas regiones del cerebro de determinadas funciones únicamente o son todas las regiones cerebrales funcionalmente equivalentes?

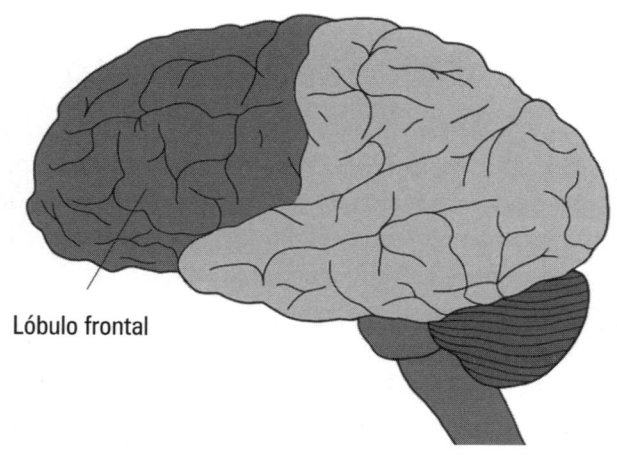

Lóbulo frontal

El lenguaje se convirtió en un elemento importante del debate porque ciertas evidencias sugerían que las regiones frontales del cerebro –lo que se conoce como «lóbulo frontal»– se ocupaban de realizar esta función. Al conocer a Leborgne, Broca se dio cuenta de que este paciente podía proporcionarle la prueba definitiva que confirmara esta hipótesis. Si al examinar el cerebro de Leborgne, Broca viera que el lóbulo frontal había sufrido lesiones –posiblemente debidas a los repetidos ataques epilépticos–, se confirmaría la idea de que esta región es la responsable del lenguaje.

Leborgne solo sobrevivió una semana en el hospital y Broca realizó la autopsia a las veinticuatro horas de su muerte. Seguramente se moría de ganas de hacerla, aunque dicho así nos pueda sonar algo macabro. De hecho, observó un agujero en el lóbulo frontal izquierdo que Broca describió como del tamaño aproximado de un huevo de gallina.[5]

Durante los dos años siguientes, Broca identificó varios casos similares de afasia. En las autopsias de estos pacientes también se observaron daños en el lóbulo frontal. Para sorpresa de Broca, las lesiones siempre aoarecían en el lóbulo frontal izquierdo. Resulta curioso porque hasta entonces se creía que los dos hemisferios eran iguales. Sin embargo, este trastorno funcional parecía derivarse de lesiones en uno solo de los hemisferios.

Área de Broca

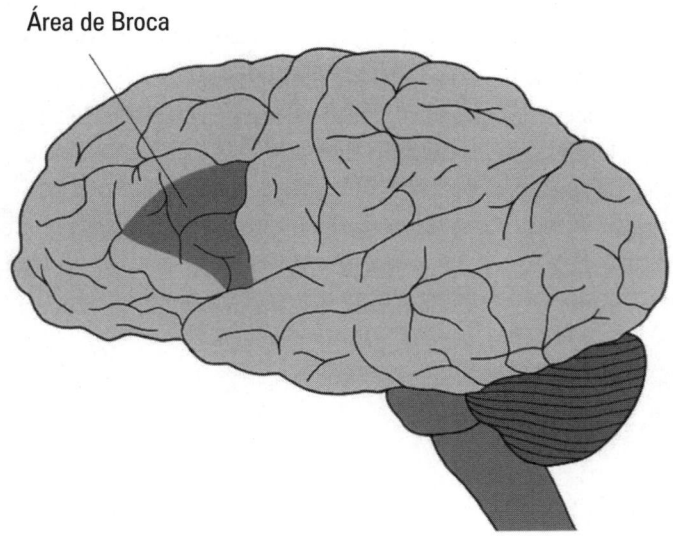

Esta zona específica que se vinculó al déficit del habla pasó a conocerse inicialmente como «circunvolución de Broca», después como «centro de Broca» y finalmente se prefirió «área de Broca». Sigue en la actualidad considerándose como el centro de la producción del habla y en el 95 por ciento de los casos se sitúa en el hemisferio izquierdo.[6] Cuando se sufren problemas de fluidez en el habla relacionados con esta zona, el trastorno se conoce como «afasia de Broca».

Como ocurría en el caso de Leborgne, los pacientes que padecen afasia de Broca tienen dificultades para formar palabras. Cuando lo consiguen, suele ser con mucho esfuerzo y aun así omiten partes o terminaciones de nombres y verbos. Si se pide a un paciente que diga «supermercado» puede decir algo así como «sup...cado», haciendo una pausa entre esos dos sonidos.

A Wernicke también le cae su propia área

Los científicos contemporáneos a Broca eran reticentes a aceptar la idea de que el área de Broca estuviera especializada en la tarea de producir el lenguaje, especialmente si se tiene en cuenta que aceptar esta hipótesis implicaba aceptar que los hemisferios cerebrales no eran copias exactas el uno del otro, un dogma indiscutible en aquel tiempo.

Unos quince años después de que Broca cuidara de Leborgne en el hospital, un joven médico alemán llamado Carl Wernicke descubrió algo que corroboraba la hipótesis de la localización del control del lenguaje en el hemisferio izquierdo. El caso de Wernicke fue similar al de Broca: encontró otra región del hemisferio izquierdo que, si se da una lesión, provocaba un trastorno del habla muy característico.

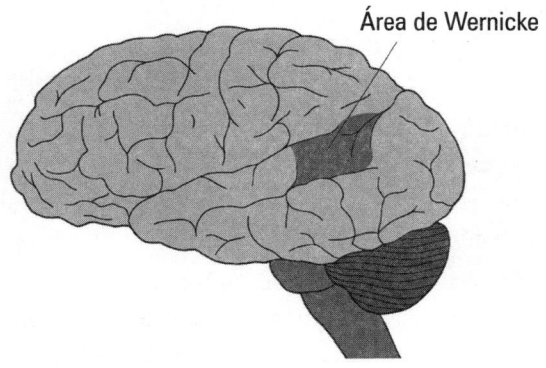

Área de Wernicke

Cuando un paciente sufre una lesión en la zona que pasaría a conocerse como el «área de Wernicke», las consecuencias en el habla podrían considerarse opuestas a las de la afasia de Broca. A los pacientes con afasia de Wernicke no les cuesta hablar, ni mucho menos. De hecho, pronuncian sus palabras sin esfuerzo y a menudo con el mismo tono y ritmo de una persona sana. El problema es que las palabras que dicen no significan nada.

Su discurso es un sinsentido de inicio a fin, sustituyen unas palabras por otras, cambian sonidos o directamente se inventan palabras. Un paciente con afasia de Wernicke trataría de decir que ha ido al supermercado de la siguiente forma: «He ido al "sutrucano". A por "felusta". Y cuando ya tenía la "felusta", casi no cabe en el "boche"». Las palabras «supermercado» y «fruta» han sido sustituidas por «neologismos» inventados por el paciente, y en la palabra «coche» ha sustituido el sonido de la «c» por una «b». La acumulación de distorsiones hace de su discurso algo ininteligible.

Los pacientes con afasia de Wernicke también tienen dificultades para entender a otras personas. En conjunto, el trastorno parece estar marcado por un déficit a la hora de dar significado al discurso. Los pacientes no son capaces de entender bien el significado de las palabras dichas por otros y tampoco son capaces de dotar de significado a su propio discurso y hacerlo comprensible.

El duelo de los hemisferios

El descubrimiento de las áreas de Broca y Wernicke, y sus respectivas afasias, sirvió para convencer a los neurocientíficos de que el lenguaje es una de las pocas funciones cerebrales que depende mucho más de un hemisferio (el izquierdo) que del otro. Este tipo de especialización funcional se denomina en ocasiones «dominancia cerebral».

En experimentos posteriores se siguió reforzando la idea de la dominancia del hemisferio izquierdo en el lenguaje. Es posible que el estudio más impactante al respecto fuera el realizado con pacientes sometidos a cirugía para el tratamiento de la epilepsia refractaria, una cirugía que se practica como último recurso terapéutico. La operación se conoce como «callosotomía» y consiste en la extirpación del conjunto de axones del cerebro humano –una conexión denominada «cuerpo calloso»– que conecta los dos hemisferios cerebrales.

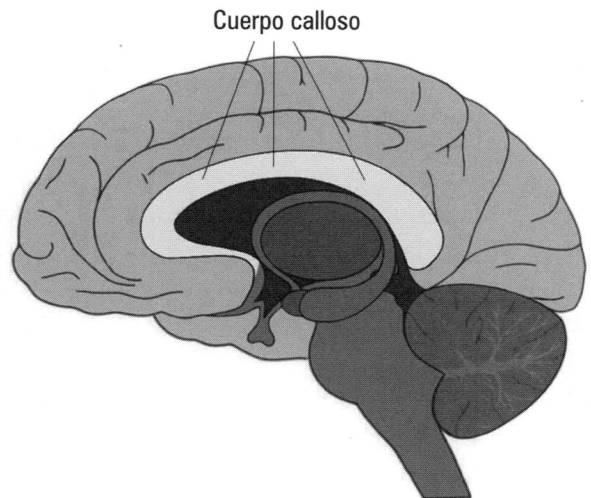

Cuerpo calloso

Esta operación trata de evitar que el exceso de actividad eléctrica que se produce en las neuronas durante un ataque epiléptico se propague por todo el cerebro y que ello provoque una disfunción neuronal generalizada. Es habitual que la anomalía eléctrica se inicie en uno de los hemisferios y se transmita al otro a través del cuerpo calloso. Al cortar el cuerpo calloso, la actividad eléctrica excesiva se ve confinada a un solo hemisferio con el resultado de una reducción en la gravedad y frecuencia de los ataques.

Al tratarse de una cirugía cerebral muy invasiva, este tipo de operaciones solo se realizan en casos muy graves que no responden a ningún otro tratamiento. Aunque pueda parecer mentira, es posible realizarla sin que el paciente sufra grandes efectos secundarios. Los estudios detallados del estado de los pacientes sometidos a callosotomía sí revelan, sin embargo, efectos extraños relacionados con el lenguaje.

El trabajo pionero en este campo corresponde a un profesor del California Institute of Technology, Roger Sperry, que contó para su realización con la ayuda de uno de sus estudiantes, Michael Gazzaniga.[7] Sperry había estudiado los efectos de la callosostomía en gatos y comenzó a estudiar a pacientes humanos sometidos a esta operación –a los que se conocería como pacientes con el «síndrome del cerebro partido»– aplicando métodos similares.

EL FENÓMENO DE LA PUNTA DE LA LENGUA (PDL)

A todos nos ha pasado alguna vez que, al tratar de recordar una palabra, seamos incapaces de extraerla de nuestra memoria. La conocemos, pero por algún motivo el cerebro no logra darnos acceso a esa información. Es entonces cuando decimos que tenemos la palabra «en la punta de la lengua» y sorprende que por una vez –los científicos no suelen optar por el camino más directo y sencillo– la denominación científica de esta experiencia sea «fenómeno de la punta de la lengua». No se sabe con exactitud por qué se produce el PDL, pero parece obvio que se corresponda con algún tipo de fallo de la memoria. La solución más habitual que tratamos de dar a este problema es seguir pensando en la palabra y es lo peor que se puede hacer. El cerebro recorre sin éxito las mismas pistas que deberían llevarle a esa palabra. Sin embargo, es probable que la recordemos si olvidamos el tema durante un rato y volvemos a intentarlo más tarde. Incluso puede que nos surja la palabra espontáneamente mientras hacemos tiempo.

Sperry y Gazzaniga mostraron objetos (como un lápiz o las llaves de un coche) a sus pacientes de forma que la información sensorial viajara primero a uno solo de los hemisferios cerebrales. Es fácil conseguirlo puesto que las vías neuronales de transmisión de información van exclusivamente de un hemisferio a su lado opuesto del cuerpo. Por ejemplo, la parte de campo visual del ojo derecho inicialmente solo llega al hemisferio izquierdo del cerebro para su procesamiento, mientras que la información táctil de la mano izquierda se procesa en el hemisferio derecho.

Lo habitual es que una vez procesada en uno de los hemisferios, la información sea compartida con el otro a través de conexiones como las del cuerpo calloso.

En los casos de síndrome del cerebro partido, la información que llega a un hemisferio se queda varada en ese hemisferio. Al haber perdido la conexión a través del cuerpo calloso, el cerebro no es capaz de compartir la información entre hemisferios.

Por tanto, cuando Sperry y Gazzaniga mostraban una llave y esta era únicamente visible para el campo visual del ojo derecho, la información llegaba al hemisferio izquierdo y, al preguntar al paciente sobre el objeto que veía, respondía: «Una llave». Sin problema.

Cuando la llave solo resultaba visible para el campo visual del ojo izquierdo, únicamente el hemisferio derecho recibía la información y el izquierdo no se enteraba de nada. En este caso el paciente era incapaz de nombrar el objeto que estaba viendo. A menudo decía que no veían nada o pronunciaba un nombre al azar. Sin embargo, el paciente sí podía dibujar el objeto o seleccionarlo de entre un grupo de objetos, por lo que debe concluirse que sí lo había visto. El problema es que sin las habilidades lingüísticas del hemisferio izquierdo, el paciente no era capaz de hablar sobre él. Estos experimentos refrendaron la hipótesis de que ciertas áreas del hemisferio izquierdo del cerebro son indispensables para el uso del lenguaje y, sin ellas, esta función se ve impedida.

La importancia a menudo infravalorada del hemisferio derecho

Los experimentos de Sperry y Gazzaniga contribuyeron a que hoy se acepte mayoritariamente la idea de que el hemisferio izquierdo tiene un papel preponderante en el uso del lenguaje para la mayoría de las personas (en un 95 por ciento de los diestros y en un 70 por ciento de los zurdos).[8] Esto no significa que el hemisferio derecho no aporte su granito de arena. Como ya se ha dicho, el lenguaje se construye con varios elementos y, aunque el hemisferio izquierdo haga la mayor parte del trabajo, el hemisferio derecho también tiene cosas que hacer.

Se piensa, por ejemplo, que el hemisferio derecho interviene en la generación y comprensión de la prosodia, es decir, de la entonación y el ritmo del discurso. La prosodia nos permite dotar de emociones a nuestras palabras y, sin ella, el discurso se volvería monótono e insensible.

Los pacientes que sufren lesiones en el hemisferio derecho del cerebro suelen hablar de manera inexpresiva o tienen dificultades para detectar las emociones que subyacen en el discurso de los demás. Por este motivo suelen malinterpretar con frecuencia el sentido de las palabras o de los discursos. El hemisferio derecho también es importante a la hora de relacionar unas frases con otras y analizar el contexto de un discurso, elementos fundamentales si se quiere dotar de sentido una conversación. Al no contar con estas capacidades, los pacientes con estas lesiones suelen tener problemas en sus relaciones sociales.[9]

Estas son solo dos de las funciones más destacables que se atribuyen al hemisferio derecho del cerebro. Y hay más. Por tanto, el hemisferio derecho no es un elemento pasivo en el lenguaje y sus contribuciones son notables. No negaremos, en cualquier caso, que el hemisferio izquierdo sea el que lleva la manija de los procesos cerebrales vinculados con el lenguaje y que todo lo relacionado con esta función dependa más de este hemisferio.

El modelo clásico del lenguaje

El modelo clásico que explica cómo el cerebro crea el lenguaje se debe originalmente a Wernicke, pero ha sido sometido desde entonces a numerosas modificaciones. La última de ellas corresponde al neurólogo norteamericano Norman Geschwind en la segunda mitad del siglo XX.[10] Se centra en la actividad e interacción de las áreas de Broca y Wernicke.

Según este modelo, el área de Wernicke es clave en la comprensión del lenguaje. Cuando oímos palabras, la información acústica viaja de la corteza auditiva al área de Wernicke, donde se descifra el significado de ese sonido. De manera similar, cuando se pretende hablar es en el área de Wernicke donde se dota de sentido al discurso.

La información correspondiente a ese discurso –las palabras a pronunciar– se transmitirá del área de Wernicke al área de Broca. En este modelo destaca un elemento fundamental para la articulación del habla, una estructura formada por un haz de fibras nerviosas que conecta las áreas de Wernicke y Broca y que se conoce como «fascículo arqueado».

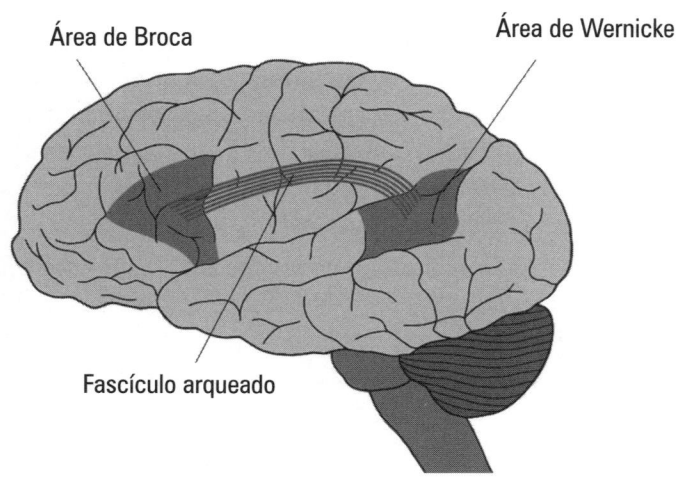

Áreas del cerebro involucradas en el modelo clásico del lenguaje.

La información sobre el discurso a pronunciar se transmite a través de esta vía y llega al área de Broca. El área de Broca envía señales a la corteza motora –la parte del cerebro encargada del movimiento voluntario– y esta se encarga de activar los músculos necesarios (boca, garganta, músculos de la respiración). ¡Y listo! Así es como se habla.

Por tanto, en este modelo el área de Wernicke da sentido y significado al discurso mientras que el área de Broca coordina los movimientos musculares necesarios para hablar. Se entienden así los déficits observables en las afasias de Wernicke y Broca, puesto que se relacionan directamente con lesiones en los centros de comprensión y producción del lenguaje, respectivamente. El lenguaje es, sin embargo, un proceso bastante más complejo. Si este modelo lo explicara todo, lo habríamos tenido demasiado fácil.

El panorama se complica

El modelo clásico del lenguaje existe, en sus diferentes versiones, desde hace algo más de un siglo. Se enseña en casi todos los cursos de introducción a la neurociencia cognitiva y es un elemento básico de los libros de texto sobre biopsicología. Aunque solo sea por su simplicidad, debe reconocerse su atractivo. Si el lenguaje funcionara así, no se necesitaría estudiar la carrera de neurociencia para comprenderlo.

Cuando una hipótesis sobre el funcionamiento del cerebro parece demasiado simple para ser cierta, lo normal es que lo sea. La mayoría de los expertos actuales coinciden en que el modelo clásico tiene fallos de un tipo u otro. Uno de los defectos que comúnmente se le achacan se refiere a que hoy contamos con evidencias más que contundentes de que el lenguaje no consiste únicamente en comprender y producir. El lenguaje incluye una lista enorme de tareas secundarias –que van desde la elección de palabras a la sintaxis, pasando por los movimientos relacionados con la articulación del discurso–, cuya ejecución requiere del concurso de otras muchas áreas del cerebro no contempladas en el modelo clásico.

En lugar de ser una función localizada en dos áreas del cerebro interconectadas, el lenguaje resulta de la acción conjunta de muchas zonas de la corteza cerebral localizadas en ambos hemisferios, sin olvidar al hipotálamo y a otras estructuras de las que iremos hablando a lo largo del libro, como son los ganglios basales, el cerebelo, etc. La participación de todas estas regiones cerebrales implica necesariamente la existencia de múltiples vías cuya activación es capaz de ponerlas en contacto a todas ellas.

Otra crítica al modelo clásico se basa en que, a pesar de establecer que el lenguaje depende fundamentalmente de las áreas de Broca y Wernicke, no ofrece una definición precisa –ni anatómica ni funcional– de ninguna de las dos. Para ilustrar esta realidad, los investigadores del lenguaje Pascale Tremblay y Anthony Dick realizaron en 2015 una encuesta entre neurobiólogos especializados en el lenguaje pidiéndoles que situaran las áreas de Broca y Wernicke en el cerebro. Las respuestas fueron muy diversas en cuanto al área de Wernicke, llegando a situarla en siete lugares diferentes y ninguna de las opciones superó el 30 por ciento de respuestas. Algo mejor fueron los resultados con el área de Broca: el 50 por ciento de las respuestas coincidieron en un mismo lugar, pero el 50 por ciento de las respuestas restantes repartieron su localización entre seis puntos distintos.[11]

Tampoco las definiciones funcionales de las áreas de Broca y Wernicke están demasiado consolidadas. Se ha convertido en dogma identificar el área de Broca con la producción del discurso, pero no se conoce con exactitud cómo contribuye dicha área a la generación del habla. ¿Es clave en la producción de los movimientos motores del habla? ¿Está involucrada en la memoria verbal? ¿Y en la sintaxis? ¿O en la gramática? ¿Controla todos estos aspectos? La respuesta no está clara.

El asunto se complica aún más cuando recuperamos ciertos estudios científicos que han detectado la participación del área de Broca en la «compresión» del lenguaje,[12] así como en otras funciones que solo guardan una relación indirecta con el lenguaje, como la planificación y el inicio de movimientos.[13]

Algo similar ocurre con el área de Wernicke, que parece estar involucrada también en la fase de «producción» del lenguaje y podría incluso no ser determinante para su comprensión.[14] De hecho, toda esta confusión y ambigüedad ha llevado a varios investigadores a abogar incluso por el abandono de los términos «área de Broca» y «área de Wernicke».[15]

Los modelos contemporáneos del lenguaje han dejado de centrarse en las áreas de Broca y Wernicke y plantean el lenguaje como el fruto de la colaboración entre diversas áreas del cerebro interconectadas a través de múltiples vías. Realmente esto complica bastante el panorama del conocimiento del procesamiento cerebral del lenguaje, pero es de esperar que al menos se trate de una explicación más cercana a la realidad. En cualquier caso, las preguntas pendientes superan a las respuestas obtenidas y los neurocientíficos continúan trabajando en el diseño de un modelo más preciso que explique cómo el cerebro crea y entiende el lenguaje.

Crecer sin lenguaje

Como ya se ha dicho anteriormente, la mayoría de las personas adquirimos la capacidad de usar el lenguaje en los primeros años de nuestra vida y ello supone un esfuerzo relativamente pequeño a pesar de su complejidad. Sin embargo, existe un escenario en el que un niño cognitivamente sano puede tener problemas para aprender a usar el lenguaje: si crece en un entorno en el que no se utiliza.

Obviamente se trata de un escenario extremadamente raro puesto que solo se produce en casos de abuso infantil o de aislamiento total. Las consideraciones éticas dificultan o imposibilitan el estudio experimental de esta situación, pero sí se han observado algunos casos y documentado los efectos de este tipo de privación sobre el desarrollo del lenguaje. Un caso muy conocido es el de una niña –a la que se le dio el nombre de Genie para proteger su intimidad– que pasó los trece primeros años de su vida sin ningún contacto con humanos.[16]

Genie fue descubierta en 1970 por una trabajadora social cuando su madre acudió a un centro a solicitar asistencia social. En aquel momento Genie tenía trece años y nueve meses, y su peso era de solo 28 kilogramos. No podía mantenerse de pie, su abdomen estaba distendido por el hambre, era incontinente y no hablaba. Su madre no ofreció una explicación clara de los motivos por los que Genie se encontraba en esas condiciones y la trabajadora social llamó a la policía. Saldría a la luz entonces una terrible historia de abuso infantil.

Desde la edad de un año y medio aproximadamente, Genie había pasado su vida aislada en una pequeña habitación atada a una silla orinal. Para dormir la ataban a una cuna de fabricación casera cubierta con una malla de alambre. La puerta de su habitación siempre estaba cerrada y las cortinas tapaban permanentemente la ventana.

El padre controlaba todo lo que se hacía en la casa como un déspota violento. No le gustaban los niños y pensaba que Genie era una niña discapacitada –fundamentalmente porque había nacido con una dislocación congénita de la cadera que le impidió comenzar a andar a la edad habitual– y destinada a morir pronto. El padre prohibió a la madre y al hermano de Genie que hablaran con ella y ellos acataban sus órdenes por miedo. Si Genie hacía un ruido, le pegaba con la mano o con un trozo de madera.

Así que, cuando se descubrió la existencia de Genie, prácticamente no se había comunicado con nadie a lo largo de toda su vida y ni siquiera había oído a otras personas hablar a su alrededor. Una vez extraída de ese entorno de abuso, los médicos y los investigadores comenzaron a trabajar con ella para tratar de recuperar sus capacidades lingüísticas infrautilizadas. Las pruebas indicaban que Genie era cognitivamente capaz de aprender a hablar, mientras que las pruebas de inteligencia revelaron una edad mental de entre cinco y ocho años.

Al principio parecía que Genie conseguiría aprender a hablar. Nueve meses después de que fuera rescatada de su casa ya era capaz de unir dos palabras en una frase. Decía cosas como «quiero leche» o «puerta naranja». Al año pronunciaba frases de tres o cuatro palabras como «guante marrón pequeño». Pasado otro año empezó a construir frases verbales del tipo «gustar beber leche».

Los investigadores se mostraban optimistas. El progreso era lento, pero Genie avanzaba poco a poco hacia el desarrollo de las capacidades lingüísticas normales de cualquier niño. Lo cierto es que cuando un niño alcanza el nivel de desarrollo al que había llegado Genie, se produce una evolución enormemente rápida de su capacidad lingüística.

Esta fase se conoce como «explosión léxica» y suele producirse entre los dieciocho y los veinticuatro meses.[17] Durante este periodo se experimenta una expansión exponencial del vocabulario y se comienza a adquirir la estructura gramatical. El discurso sigue siendo básico, pero va aumentando en complejidad de tal forma que, al llegar a los tres años, la mayoría de los niños son capaces de comunicarse de manera bastante eficaz. Es un proceso impresionante desde el punto de vista de los padres. De los dos a los tres años, el niño se transforma en una personita.

Desafortunadamente, Genie no siguió esta trayectoria. Pasados siete años desde su rescate contaba con un vocabulario de varios cientos de palabras, pero no era capaz de ir más allá de hablar con frases cortas. Sus conocimientos gramaticales eran muy limitados y no podía, por ejemplo, usar los tiempos verbales. Tampoco entendía las preposiciones o los pronombres. En resumen, sus habilidades lingüísticas nunca superaron a las habituales en un niño pequeño.

La vida de Genie siguió siendo dura y difícil. Pasó varias décadas moviéndose entre instituciones y hogares de acogida hasta que, con el tiempo, los investigadores le perdieron la pista. Su existencia se sumió en la oscuridad y nadie sabe muy bien dónde está hoy.

Periodos críticos

El caso de Genie y otros casos de niños que han sufrido privaciones similares han contribuido a reforzar la hipótesis de que existe un periodo crítico para el desarrollo del lenguaje en el cerebro. Según esta idea, nuestros cerebros se muestran especialmente receptivos al aprendizaje del lenguaje durante un periodo limitado de nuestras vidas y, si no aprendemos a hablar durante esa ventana, aprender a hacerlo más tarde se vuelve extremadamente difícil. Se sigue debatiendo sobre la duración de este periodo, pero se acepta generalmente la afirmación de que los humanos reducimos sustancialmente nuestra capacidad para aprender un nuevo idioma al alcanzar la pubertad.[18]

También podemos observar la importancia de este periodo crítico en la adquisición de una segunda lengua. Si un niño aprende una segunda lengua en la infancia temprana, es muy probable que consiga llegar a hablarla como un nativo.

Si comienza a aprenderla a partir de los siete u ocho años, su forma de hablar se diferenciará claramente de la de un nativo y algunas de estas diferencias pueden no desaparecer jamás.[19]

APRENDER IDIOMAS CON VÍDEOS

Las investigaciones realizadas sugieren que ser bilingüe tiene efectos beneficiosos, desde la mejora de la atención[20] a la neutralización de los síntomas de la demencia.[21] No sorprende, en consecuencia, que muchos padres traten de ayudar a sus hijos a aprender una segunda lengua y hay muchas empresas más que dispuestas a venderles lo que crean necesitar para lograrlo. Si eres uno de esos padres, debes ser consciente de que las investigaciones disponibles indican que los niños pequeños pueden aprender los sonidos característicos de una lengua extranjera de una persona, pero no consiguen hacerlo viendo un vídeo en una pantalla.[22] A medida que los niños se hacen mayores, su capacidad para aprender viendo vídeos aumenta. Ahora bien, si tu objetivo como padre es que el niño aprenda una segunda lengua desde que es un bebé, lo mejor es que se la enseñes tú mismo o que la aprendáis juntos.

Se puede aprender una segunda lengua siendo adulto, pero el esfuerzo de aprendizaje necesario es mucho mayor. Por tanto, los investigadores defienden que ese periodo crítico para el lenguaje es más bien un «periodo de alta sensibilidad», es decir, un tiempo en el que aprender un idioma es mucho más fácil, aunque no es esencial que el aprendizaje se produzca estrictamente durante esa ventana. Eso sí, es fundamental que la persona haya estado en contacto con algún idioma al menos durante ese periodo y no haya crecido en una situación como la de Genie.

No se sabe qué es lo que permite que el cerebro de los bebés y los niños pequeños aprendan un idioma con tanta rapidez. Es posible que los circuitos del cerebro en los primeros años de vida sean especialmente maleables y adaptables, facilitando así la adquisición del lenguaje.

Si conseguimos desvelar por qué el cerebro es capaz de aprender sin esfuerzo a usar el lenguaje a ciertas edades, podríamos entender mejor el uso que el cerebro hace de esta herramienta de comunicación tan especial y que se considera un rasgo definitorio de lo que significa ser humano. En caso contrario, al menos los que hemos intentado aprender otro idioma ya siendo mayores –y hemos fracasado en el intento– tendremos alguna explicación de nuestro fiasco.

CINCO

Tristeza

Era una mañana bastante normal de 2004. Malcolm Myatt preparaba el desayuno sin imaginar que su vida estaba a punto de cambiar radicalmente. Se dio cuenta de que algo raro pasaba cuando el lado izquierdo de su cuerpo comenzó a mostrar una extraña debilidad. Después se volvió tremendamente torpe y tiró la mitad de su café mientras subía las escaleras.

Myatt estaba experimentando los primeros síntomas de un ictus severo. Afortunadamente sobrevivió al ataque, pero su personalidad se veía alterada de manera llamativa, aunque no se pueda decir que las consecuencias fueran totalmente negativas.

Un ictus o ataque cerebral se produce cuando el flujo sanguíneo hacia el cerebro se ve interrumpido, normalmente debido a la presencia de un coágulo que bloquea algún vaso sanguíneo, siendo la hemorragia cerebral otra causa posible aunque menos habitual de este accidente. En estos casos deja de fluir sangre hacia determinadas áreas del cerebro y, en consecuencia, la interrupción de la aportación de oxígeno provoca en solo unos minutos la muerte neuronal. La muerte de las neuronas manifestará síntomas que varían en función de la región cerebral afectada. Si se trata, por ejemplo, de un área involucrada en el movimiento –hay áreas de control motor distribuidas por la mayor parte del cerebro, por lo que un ictus suele afectar a la movilidad–, el paciente podría experimentar debilidad o parálisis. Es frecuente que solo un lado del cuerpo sufra las consecuencias de un ictus, pues el ataque afecta normalmente a uno solo de los hemisferios cerebrales. La mayoría de los movimientos voluntarios de una mitad del cuerpo se originan en la opuesta del cerebro, es decir, el movimiento del brazo derecho se controla desde el hemisferio izquierdo.

El ictus sufrido por Malcolm Myatt afectó fundamentalmente a la región frontal del hemisferio derecho. En un principio los médicos no mostraron demasiado optimismo al respecto de sus probabilidades de supervivencia y Malcolm pasó cinco meses ingresado en el hospital. Cuando finalmente recibió el alta sufría bastantes secuelas. Había perdido la funcionalidad del brazo izquierdo y andaba con un bastón. También padecía graves problemas de memoria a corto plazo. Sufría además un trastorno permanente y especialmente singular: parecía haber perdido la capacidad de experimentar algo que la mayoría de nosotros consideramos esencial en el ser humano: Malcolm no sentía tristeza.

Desde que padeciera el ictus, Malcolm decía ser incapaz de experimentar esta emoción. «Recuerdo que en el pasado solía sentirme triste, pero sencillamente ya no me pasa»,[1] decía. Su vida consistía ahora en una sonrisa permanente y la gente empezaba a llamarle «Mr. Happy» (Sr. Feliz).

Malcolm murió en 2017 a la edad de setenta y dos años. Resulta complicado evaluar los efectos que la pérdida de la capacidad de sentir tristeza tuvo sobre su vida ya que su optimismo perpetuo enmascaraba cualquier potencial efecto negativo. Si alguien le preguntaba por la imposibilidad de sentir tristeza, sus respuestas reflejaban conformidad con su situación y con la vida en general. ¿Se debía esto únicamente a que su cerebro era incapaz de reflexionar sobre cualquier elemento negativo? ¿O debemos concluir que, habida cuenta del caso de Malcolm, se vive mejor sin tristeza?

Lo que sí podemos confirmar gracias al caso de Malcolm es que parecen existir zonas del cerebro encargadas de producir este sentimiento. Si una lesión cerebral localizada puede hacer desaparecer la tristeza, lo razonable es concluir que cuando esa región lesionada estaba sana era al menos uno de los mecanismos responsables de la generación de dicho sentimiento. A pesar de todo, la tristeza sigue siendo un misterio, al igual que lo es el mapa completo de las regiones involucradas en producirla.

Broca y el «gran lóbulo límbico»

Las emociones básicas, como es el caso de la tristeza, tienen desconcertados a los neurocientíficos desde hace tiempo. Son tan habituales que se pueden estudiar en casi cualquier ser humano, pero al mismo tiempo difieren enormemente de una persona a otra, e incluso entre episodios vividos por una misma persona.

No nos sentimos igual de tristes en cada ocasión en la que experimentamos tristeza. A veces es una sensación intensa acompañada de una idea de pérdida, como la que se puede sentir cuando muere una persona querida. Otras veces se trata más de un sentimiento de pesar o remordimiento, como cuando estamos tristes por algo que hemos hecho y de lo que ahora nos arrepentimos. También se puede estar triste por soledad o por empatía. Creo que se me entiende. El problema, en resumen, es que se trata de una emoción tremendamente versátil.

¿Y cómo asignamos la generación de una emoción compleja a una región específica del cerebro o incluso a un conjunto de ellas? Pues lo cierto es que podría no ser factible hacerlo, aunque los neurocientíficos tienen un largo historial de intentos.

El concepto moderno de la región cerebral encargada de sentir tristeza se origina a mediados del siglo XX, cuando los científicos identificaron una serie de estructuras que se creyeron involucradas en la expresión de la tristeza y también del resto de las emociones. Este sistema emocional hunde sus raíces en los trabajos del famoso neurocientífico Paul Broca, realizados casi un siglo antes.

A finales del siglo XIX, Broca se encontraba ya en el ocaso de su carrera. Sus grandes descubrimientos sobre el lenguaje y el cerebro quedaban muy lejos. Sin embargo, tan solo dos años antes de su muerte publicaría un estudio que acabaría teniendo de nuevo una gran relevancia, aunque indirecta, sobre el estudio de las emociones. Proponía a los neuroanatomistas el establecimiento de una nueva división de la estructura del cerebro.

Un nuevo lóbulo

Los neuroanatomistas tradicionalmente dividen el cerebro en un conjunto de «lóbulos». La división inicial distinguía en el cerebro un «lóbulo frontal» en la zona delantera, un «lóbulo parietal» a lo largo del lateral del cerebro («parietal» se refiere a los huesos que forman los laterales y la parte superior del cráneo), un «lóbulo temporal» situado junto a las sienes, y un «lóbulo occipital» cerca de la parte trasera de la cabeza (*occiput* en latín significa «nuca»). Ya he mencionado a lo largo del libro algunos de estos lóbulos, como es el caso del lóbulo temporal y el lóbulo frontal.

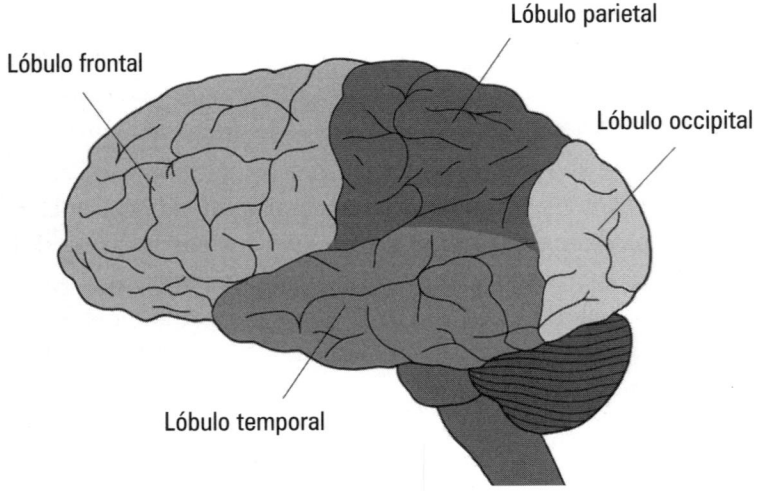

Estas divisiones respondían inicialmente a criterios anatómicos, aunque los neurocientíficos acabarían identificando también diferencias funcionales entre los lóbulos. Por ejemplo, el área principal del procesamiento de la información visual se localiza en el lóbulo occipital, por lo que se identifica a este lóbulo con la visión. Hay argumentos sólidos que justificarían, sin embargo, el evitar circunscribir cualquier función cognitiva del cerebro a una única región específica de acuerdo con estas divisiones anatómicas. Los estudios científicos sugieren, por ejemplo, que más de treinta áreas de la corteza cerebral intervienen en la visión y solo un tercio de ellas se localizan en el lóbulo occipital.[2] Esto mismo parece ocurrir con casi cualquier función cerebral: su operativa se distribuye por todo el órgano y no se concentra en un único lugar.

A pesar de todo, la división del cerebro en lóbulos es una práctica habitual desde mucho antes de los tiempos de Broca y lo que Broca hizo en 1878 es publicar un artículo en el que identificaba lo que él consideraba como un nuevo e importante lóbulo cerebral.[3] Broca describió un arco amplio de tejido cerebral que rodea algunas de las estructuras profundas del cerebro (estructuras situadas justo por debajo de la corteza cerebral).

El médico inglés Thomas Willis ya había descrito esta zona del cerebro casi un par de siglos antes. Su posición, rodeando las regiones profundas del cerebro, hacía que pareciera una especie de frontera, que en latín se denomina *limbus*. Por esta razón Willis llamó a estas estructuras regiones «límbicas» y, siguiendo esta tradición, Broca lo bautizó como «gran lóbulo límbico». Añadió el adjetivo «gran» porque pensaba que este lóbulo no era un lóbulo cualquiera: representaba una división primaria del cerebro en la que confluían partes correspondientes a diferentes lóbulos.

La denominación anatómica establecida por Broca se arraigó y el «lóbulo límbico» sigue considerándose hoy uno de los principales lóbulos del cerebro, a pesar de no ser tan conocido como los otros cuatro mencionados. En lo que respecta a nuestra discusión sobre la tristeza, lo particularmente relevante es la función que Broca atribuyó al lóbulo límbico.

Sistema límbico

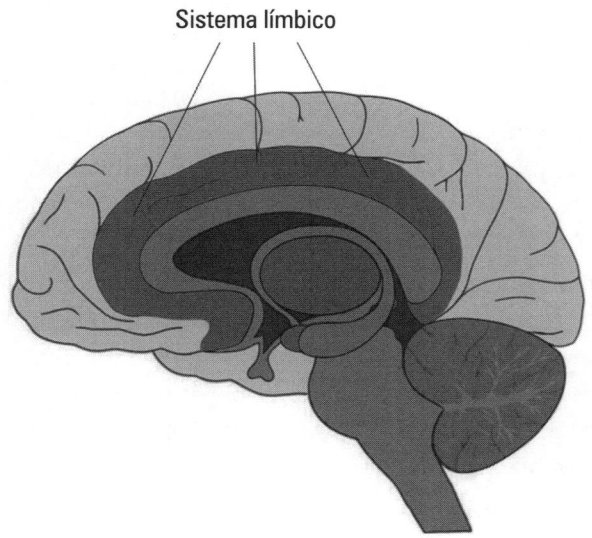

Broca vinculó el lóbulo límbico a las formas más primitivas de comportamiento, esos tipos de comportamiento caracterizados por la búsqueda del placer y la prevención del dolor que rigen muchas de nuestras acciones, a pesar de que nos creamos capaces de controlarlos desde las áreas más racionales del cerebro. Este tipo de control de los impulsos no es tan habitual en otros animales, por lo que algunos consideran que estamos ante una de esas características que distinguen a los humanos de otras especies. Por tanto, el lóbulo límbico acabó encasillado con nuestros apetitos y pasiones, mientras que las zonas situadas por encima de él se consideraban encargadas de someter a esas bajas pasiones.

Bienvenidos al sistema límbico

El prolífico neurocientífico James Papez basó sus investigaciones en los trabajos de Broca y publicaría un artículo a mediados del siglo XX en el que perfilaba lo que él describiría como un nuevo circuito cerebral para las emociones.[4] Este circuito abarca gran parte del lóbulo límbico de Broca y Papez le añade algunas estructuras, como el hipotálamo y ciertas áreas del tálamo. Papez, sin embargo, no pareció ser capaz de reconocer el solapamiento entre sus ideas y las de Broca.

Poco después de que Papez publicara su artículo sobre el «circuito emocional», un joven investigador de la Universidad de Yale, Paul MacLean, amplió el modelo de Papez. Añadió algunas estructuras más al que se conocía por entonces como «circuito Papez» y describió profusamente la posibilidad de que este sistema fuera el principal circuito emocional del cerebro. Consciente del solapamiento entre las ideas de Papez y Broca, MacLean comenzó a denominar a esta versión mejorada del circuito Papez como «sistema límbico».[5]

Con el tiempo, el concepto de sistema límbico acabó asentándose en el mundo de la neurociencia. Los neurocientíficos no se ponían de acuerdo sobre las estructuras que debían incluirse en él, pero sí aceptaban que aquellas que lo conformaban tenían un papel relevante en los procesos emocionales. En la segunda mitad del siglo XX, el concepto de sistema límbico se fusionó con el de los procesos emocionales.

Más allá del concepto de «sistema» emocional

En las últimas décadas, sin embargo, esta idea de que el sistema límbico procesa todas las emociones ha dejado de estar en boga. Una de las razones que explica este cambio de parecer reside en el hecho de que ciertas partes del sistema límbico son ciertamente importantes en la generación de emociones como la tristeza, pero se han detectado regiones ajenas al sistema límbico que participan igualmente en la generación de repuestas emocionales.

Además, algunas de las estructuras que tradicionalmente se consideraban integrantes del sistema límbico ahora se sabe que intervienen en procesos distintos de los emocionales. El hipocampo, por ejemplo, se considera parte del sistema límbico y en la actualidad se le vincula más con la memoria que con las emociones.

Por tanto, el pensamiento moderno no circunscribe los procesos emocionales al sistema límbico y ciertas zonas del sistema límbico no se dedican exclusivamente a las emociones. De hecho, muchos neurocientíficos creen que etiquetar a estructuras tan dispares del cerebro como si trabajaran para un fin común es una equivocación, por lo que algunos apuestan sencillamente por olvidar el concepto de «sistema límbico». Independientemente de todo ello, algunas estructuras del sistema límbico sí parecen ser determinantes en los procesos emocionales y una de estas estructuras en particular, la «corteza cingulada», parece ser crucial a la hora de sentir tristeza.

En busca de la tristeza en el cerebro

Si cortásemos un cerebro por la mitad y separáramos los dos hemisferios para ver qué se esconde en el interior, encontraríamos un grueso haz de fibras nerviosas formando un arco que rodea algunas de las estructuras profundas del cerebro. Es el cuerpo calloso al que ya nos referimos en el capítulo 4.

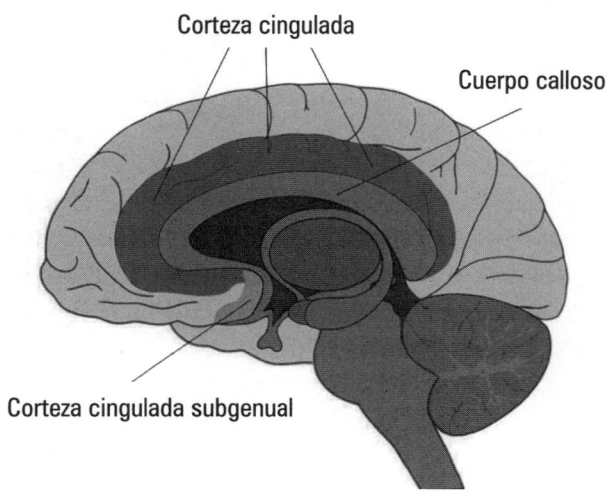

Corteza cingulada

Cuerpo calloso

Corteza cingulada subgenual

El cuerpo calloso está rodeado a su vez por otro arco de tejido cerebral conocido como «corteza cingulada». Esta estructura se vincula a las emociones desde que se concibiera por primera vez el circuito Papez. Si seguimos la corteza cingulada en su avance hacia la parte frontal del cerebro, hasta esa zona donde se curva como si fuera una rodilla doblada, encontraremos lo que se conoce como «corteza cingulada subgenual» o ACC. Algunos investigadores también se refieren a ella como el «centro de la tristeza».

Llegados a este punto, puede que el lector esté algo cansado de esta terminología. De nuevo nos referimos a una zona minúscula del cerebro y le otorgamos presuntuosamente el control total de una emoción tan compleja como la tristeza (al igual que hicimos en el capítulo 1 cuando nombramos a la amígdala como centro del miedo para acabar concluyendo que estos enfoques simplistas no suelen describir adecuadamente la complejidad funcional del cerebro). La tristeza es una emoción compleja y, dependiendo del tipo de tristeza, lo más probable es que actúen diferentes zonas del cerebro. Lo cierto es que la ACC está conectada con muchas regiones cerebrales. Cuando varias regiones cerebrales están interconectadas, lo más probable es que trabajen en red. Vincular una función a una zona única en exclusiva ignorando al resto de las conectadas a ella supone, como mínimo, una simplificación excesiva cuando no un enfoque directamente equivocado.

En cualquier caso, no se puede descartar de que la ACC intervenga en la tristeza. De hecho, son varios los estudios que vinculan a esta estructura con el procesamiento de la tristeza. En un estudio, por ejemplo, se presentaba a varias mujeres las imágenes de caras tristes y se les pedía que pensaran al mismo tiempo en algún momento triste acontecido en sus vidas. Mientras tanto, sus cerebros eran sometidos a estudio mediante escáner cerebral y las imágenes detectaban consistentemente la activación de la zona ACC.[6] En otro estudio se detectó un aumento de actividad en la zona ACC cuando individuos sanos trataban de recordar acontecimientos tristes.[7] En realidad, algunas de las evidencias más sólidas de la intervención de la zona ACC en los procesos relacionados con la tristeza se obtienen de aquellos individuos que sufren una forma extrema de tristeza: la depresión.

La corteza cingulada subgenual en la depresión

Hoy en día tendemos a usar la palabra «depresión» un poco a la ligera. Un adolescente enfadado con el mundo puede decir que está «muy deprimido» simplemente porque sus amigos se han ido de vacaciones y no tiene con quién salir. Un adulto ambicioso puede decirse «deprimido» por no haber conseguido un trabajo que parecía atractivo.

La depresión, en términos médicos, es lo que se conoce como «trastorno depresivo mayor» (TDM) y no tiene nada que ver con el uso coloquial que hacemos de la palabra *depresión*. Las personas que sufren TDM se sienten tan tristes a lo largo del día que su capacidad para experimentar placer es prácticamente inexistente. Tienden a perder el interés por la mayor parte de las cosas de las que disfrutaban antes de sufrir el trastorno. Suelen padecer problemas de sueño –tanto insomnio como un exceso de horas de sueño– y sienten que no valen nada o se achacan culpas irracionalmente, además de verse asaltados por pensamientos suicidas. La desesperanza que experimentan es debilitante e incluso puede suponer una amenaza paras sus vidas (se estima que un 60 por ciento de los suicidios corresponden a personas con depresión).[8]

Aquellas personas que viven con síntomas de depresión tienen además un riesgo mayor de desarrollar otras enfermedades crónicas, desde enfermedades coronarias a diabetes. Todo ello, unido al riesgo de suicidio, hace que las personas con depresión vivan veinticinco o treinta años menos que el promedio.[9] Según algunos estudios, la depresión puede ser tan nociva como el consumo de tabaco en términos de acortamiento de la vida.[10]

Teniendo todo esto en cuenta, la comunidad científica debe prestar más atención a la depresión, especialmente si la comparamos con un mero sentimiento de tristeza. Según los psicólogos, un breve periodo de tristeza –como el que podemos sentir tras una ruptura sentimental o cuando el ascenso profesional recae en otro compañero– es un sentimiento natural y sano que nos proporciona un mecanismo de gestión de cualquier situación marcada por la pérdida o la decepción. La compresión integral de los procesos de la tristeza en el cerebro no tendría una aplicación clínica directa, mientras que lograr entender los procesos neurobiológicos que se esconden detrás de la depresión sí podría ayudar a salvar vidas. Los beneficios sociales potenciales del estudio de la depresión despiertan el interés de los científicos y también hacen más probable que las instituciones financien los estudios sobre ella.

Entender la depresión puede ayudarnos además a saber más sobre la tristeza, ya que la depresión es, en cierto modo, una forma particularmente intensa y persistente de esta emoción. No sorprenderá saber, en consecuencia, que la zona ACC también se ha vinculado con la depresión ya que las imágenes de los escáneres cerebrales muestran su activación en casos de depresión.[11] Los pacientes depresivos tratados durante seis semanas con antidepresivos muestran una menor actividad de dicha zona.[12] En algunos estudios se han detectado anormalidades estructurales en la ACC de los pacientes con depresión, fundamentalmente en aquellos con un historial familiar de trastornos del estado de ánimo, lo que sugiere un componente hereditario en el riesgo de sufrir depresión.[13]

Algunas de las evidencias más sorprendentes de la relación entre la ACC y la depresión se han obtenido a través de la «estimulación cerebral profunda» o ECP. Se trata de un procedimiento quirúrgico que consiste en la implantación en el cerebro de un aparato que emite impulsos eléctricos. Se trata de una terapia relativamente novedosa –surgió en la década de 1980– y no se sabe con exactitud cómo produce los efectos beneficiosos que se le atribuyen. Se cree que, si se logra situar el aparato en el lugar adecuado, los impulsos eléctricos emitidos interrumpen la actividad eléctrica anormal del cerebro causante del trastorno.

La ECP no funciona con todos los pacientes (ver más abajo) e implica someter al paciente a una cirugía cerebral invasiva, por lo que no suele ser la primera elección terapéutica para casi nadie y solo se recurre a ella después de haber agotado casi cualquier otra opción. La FDA no ha aprobado a día de hoy este tratamiento para la depresión, aunque sí para la enfermedad de Parkinson, los trastornos obsesivo-compulsivos y la epilepsia.

Por tanto, los estudios de la eficacia de esta terapia se limitan a pacientes con depresión severa que no responden a los tratamientos tradicionales –como antidepresivos o terapia psicológica– y que, en consecuencia, no tienen otra opción. Estos pacientes –aquejados de depresión resistente al tratamiento (TRD) o depresión refractaria– solo responden en un 10 por ciento de los casos a los tratamientos convencionales con una reducción de los síntomas, y la remisión (vuelta a la normalidad o un nivel cercano de sus síntomas) únicamente se observa en un 3-4 por ciento de ellos.[14] Al aplicar la ECP a un grupo de pacientes con TRD, casi el 40 por ciento de ellos vio aliviados sus síntomas y la enfermedad remitió en más de un 26 por ciento de los casos.[15]

Más sorprendentes aún son los datos recogidos durante el propio proceso de implantación del aparato ECP en los pacientes. Este tipo de cirugía suele practicarse con el paciente consciente, es decir, no recibe anestesia general durante el procedimiento. Es posible realizar este tipo de cirugías porque el cerebro no cuenta con receptores del dolor, lo que le impide informarse a sí mismo de que está sufriendo algún tipo de agresión. Por tanto, mientras se trate al paciente con fármacos analgésicos y anestesia local para adormecer el cuero cabelludo –que sí tiene receptores del dolor–, el neurocirujano puede hacer lo que quiera con el cerebro del paciente sin producirle dolor alguno.

Uno de los motivos por los que se realiza esta operación con el paciente despierto es el de observar su reacción al encender el aparato ECP después de la implantación del electrodo. Si la estimulación no alivia los síntomas, puede convenir situar el electrodo en otra zona del cerebro. Al registrar las reacciones de la ACC de los pacientes sometidos a estimulación por ECP, los cambios en su estado de ánimo resultaron tan drásticos que algunos investigadores llegaron a describir a la ACC como el «interruptor de la depresión».[16]

En un estudio, por ejemplo, se sometió a cirugía para su tratamiento con ECP a un grupo de pacientes que sufría depresión desde hacía al menos doce meses y no respondía a la administración de al menos cuatro tipos de fármacos antidepresivos distintos. Durante la implantación del aparato ECP, los investigadores estimularon la región ACC de cada sujeto y las neuronas que entraban y salían de ella. Los pacientes permanecían despiertos y se les pedía que describieran sus sensaciones. Mostraron cambios favorables inmediatos en su estado de ánimo y decían cosas como: «Tengo ganas de reír, me siento bien», «todo parece más fácil y sencillo» o «mi cuerpo está más vivo».[17] La simple estimulación eléctrica de la ACC y su zona circundante había provocado que su estado de ánimo pasara instantáneamente de la melancolía a casi la euforia.

Las redes de la depresión

A pesar de las evidencias disponibles, no me siento del todo cómodo refiriéndome a la ACC como «interruptor de la depresión» y lo digo por varias razones. En primer lugar, esta descripción implicaría que la ACC fuera la única región cerebral capaz de producir estos cambios de humor ante una estimulación. Sin embargo, la estimulación de otras zonas del cerebro, como el «núcleo accumbens» –que se sabe participa en los procesos de recompensa y del que hablaremos más adelante en el capítulo 8 – también ha sido capaz de generar respuestas eufóricas y es una diana potencial en el tratamiento de la depresión.[18] Por tanto, si una actividad anormal de la ACC produce depresión, lo más probable es que una actividad anormal de otras zonas del cerebro también genere este trastorno. Esto debe ser así porque la ACC no actúa sola al generar sensaciones de tristeza o depresión. Forma una red con otras regiones cerebrales y es de la interacción entre todas ellas de la que surge ese estado de ánimo melancólico.

No conocemos con precisión los componentes que integran las redes en las que participa la ACC, aunque los modelos actuales sugieren su conexión con una larga lista de estructuras: la amígdala, el hipotálamo, la corteza prefrontal, el tronco cerebral, el núcleo accumbens, etc.[19]

Se cree que una disfunción en cualquiera de las diferentes redes que conectan estas regiones cerebrales puede ser la responsable de las características particulares dentro de un cuadro genérico de depresión.

DEJAR ATRÁS A LA TRISTEZA... A LA CARRERA

Si te sientes de bajón y no quieres tomar medicamentos, un poco más de actividad física puede ayudarte. Algunos estudios revelan que el ejercicio moderado puede ser tan efectivo como la terapia psicológica o los antidepresivos frente a la depresión.[20] Obviamente, el problema reside en que cuando se está deprimido, hacer ejercicio físico puede ser lo último que nos apetezca. Pero si consigues motivarte y hacer alguna actividad física con regularidad, tu estado de ánimo probablemente mejore y lo mismo ocurrirá con tu estado de salud en general. El ejercicio físico es una buena opción para revitalizar el estado de ánimo de cualquier persona que no sufra una depresión clínica y simplemente se sienta un poco triste.

Por ejemplo, una actividad anormal de la ACC puede afectar a la red que conecta la amígdala con el hipotálamo generando una respuesta de estrés, lo que hará que el paciente sienta mucha ansiedad. El problema puede, por otra parte, afectar a las neuronas que viajan de la ACC a una zona del tronco cerebral conocida como «área tegmental ventral» (ATV) –que se sabe interviene en los procesos de motivación y recompensa, y de la que también hablaremos más en el capítulo 8– lo que podría reducir la motivación y las ganas de vivir, síntomas habituales en paciente con depresión.

En cualquier caso, estas redes son complejas y de momento no podemos hacer sino especular sobre el mecanismo que permite a todas estas estructuras actuar de forma conjunta y provocar algo tan enrevesado como la depresión. Aunque la ACC parece tener un papel relevante como integrante de dichas redes, centrar la atención exclusivamente en esta estructura impide detectar las aportaciones de otras regiones: la ACC no es más que una pieza de un rompecabezas de interacciones cruzadas y estructuras conectadas dentro del cerebro.

Los neurocientíficos siguen trabajando en la identificación de todas esas partes del cerebro involucradas en la tristeza y la depresión. Incluso si se logra catalogarlas todas, seguirá sin respuesta una pregunta fundamental: ¿qué tipo de trastorno se produce en el cerebro para que se manifiesten estos estados de ánimo? En otras palabras, ¿qué ocurre en nuestras neuronas para que alguien se sienta triste o deprimido?

Durante años pareció posible responder, al menos parcialmente, a estas preguntas. En la década de 1990 todo el mundo sabía que si los niveles de un neurotransmisor bajaban demasiado, se experimentaba inevitablemente un efecto negativo en el estado de ánimo. Las evidencias más recientes sugieren que esta hipótesis, una de las más populares en la historia de la neurociencia moderna, no es más que otra simplificación que oculta tras ella los verdaderos orígenes de la depresión.

La hipótesis de la serotonina

Si el lector conoce mínimamente las explicaciones neurocientíficas de las causas de la depresión, se habrá preguntado por qué no he hablado en este capítulo de la importancia de la serotonina. La serotonina es un neurotransmisor que se relaciona con el estado de ánimo y durante años ha servido como base a la explicación más extendida de las causas de la depresión. Se creía, específicamente, que un nivel bajo de serotonina era el responsable de la depresión, conociéndose esta propuesta como la «hipótesis de la serotonina».

Conviene conocer los orígenes de esta hipótesis para saber qué validez podemos otorgarle en la actualidad. Los orígenes nos llevan al Seaview Hospital, un centro médico situado en Staten Island (Nueva York) en el que se trataba a pacientes con tuberculosis. Se construyó a principios del siglo XX, cuando esta enfermedad era una de las principales causas de muerte en los Estados Unidos, y seguiría siéndolo durante toda la primera mitad de ese siglo. En aquellos tiempos, los antibióticos –fármacos que se convertirían en el tratamiento estándar contra esta enfermedad– no se habían descubierto todavía. Los hospitales eran sanatorios: lugares en los que los enfermos trataban de recuperarse a través del descanso, el aire puro y una dieta sana.

A mediados del siglo XX se disponía ya de antibióticos, pero debían administrarse en combinación con otros fármacos para conformar un tratamiento totalmente eficaz de la enfermedad. Los científicos seguían trabajando para dar con un cóctel farmacológico óptimo frente a ella. A principios de la década de 1950, los investigadores descubrieron un fármaco con propiedades antituberculosas y necesitaban un grupo de enfermos con los que ensayarlo. Así es como llegaron al Seaview Hospital.

El fármaco se llamaba iproniazida y se obtenía a partir de una sustancia corrosiva, tóxica y explosiva llamada hidracina. Los alemanes utilizaban la hidracina como combustible para cohetes en la Segunda guerra mundial y, acabada la guerra, se encontraron grandes cantidades de esta sustancia almacenadas en Alemania sin que se supiera qué hacer con ella. La hidracina se vendió a laboratorios farmacéuticos a muy bajo precio y –como solían hacer estas empresas con cualquier sustancia con la que no se había experimentado– estos comenzaron a realizar ensayos para tratar de alterar la estructura química de la hidracina y crear nuevos fármacos a partir de ella. Observaron que algunos derivados de esta sustancia, como la iproniazida, tenían potencial como tratamiento de la tuberculosis.

Cuando se ensayó el tratamiento con iproniazida en los pacientes del Seaview Hospital, los investigadores observaron algunos efectos extraños. Además de tratar la tuberculosis, el estado de ánimo de los pacientes parecía mejorar repentinamente. Sus cuerpos tristes y entumecidos se llenaban de energía, se movían por todas partes y socializaban con otros enfermos. Un informe de la época lo resumió diciendo que «bailaban por los salones a pesar de tener agujereados los pulmones».[21] Una década más tarde se generalizaría el uso de la iproniazida como tratamiento contra la depresión.

Uniendo los puntos

La comprensión del efecto de la iproniazida en el cerebro proporcionaría la primera hipótesis generalmente aceptada sobre las causas de la depresión. La iproniazida inhibe la monoamino oxidasa (MAO), una enzima que cataliza la oxidación de las «monoaminas», compuestos entre los que se incluyen neurotransmisores como la serotonina y la norepinefrina. En consecuencia, la iproniazida se clasifica como «inhibidor de la monoamino oxidasa» (MAOI). Dado que los MAOI inhiben la acción de las enzimas que eliminan la serotonina y la norepinefrina del cerebro, su presencia contribuye a que los niveles de estos neurotransmisores aumenten.

El conocimiento de este mecanismo, unido a la efectividad de la iproniazida en el tratamiento de la depresión, permitió a los investigadores proponer la hipótesis de que la depresión tiene su origen en una «deficiencia» de neurotransmisores del tipo serotonina y norepinefrina. Por tanto, si se logran aumentar los niveles de estos se podrá tratar la depresión.

Con el tiempo se acumularon evidencias experimentales que parecían sugerir una mayor importancia de la serotonina, por comparación con la norepinefrina, en los procesos relacionados con la depresión. Esta idea fue corroborada por el descubrimiento de nuevos fármacos antidepresivos, basándose el mecanismo de actuación de todos ellos –al menos parcialmente– en el aumento de los niveles de serotonina.

El momento álgido en el desarrollo de este tipo de antidepresivos se alcanzó con la aparición de la fluoxetina, que acabaría siendo archiconocida bajo el nombre comercial de Prozac. La fluoxetina fue el primer fármaco psiquiátrico «diseñado» para actuar sobre el cerebro de un modo específico, mientras que los medicamentos psiquiátricos que habían existido hasta entonces se habían descubierto por azar, como en el caso de la iproniazida, cuyos efectos antidepresivos se establecieron al tratar de conocer su eficacia como antituberculoso. La fluoxetina, en cambio, se desarrolló con el objetivo único de influir sobre los niveles de serotonina a través de la actuación sobre el mecanismo de «recaptación».

Recaptación y reciclado de neurotransmisores

Una vez se ha transmitido una señal de una neurona a la siguiente, los neurotransmisores que portaron dicha señal deben eliminarse de la hendidura sináptica. De no ocurrir así, continuarían interactuando con los receptores de la neurona postsináptica y esto derivaría en una sobreestimulación con efectos no deseados.

El mecanismo más común para eliminar ese exceso de moléculas neurotransmisoras consiste en la «recaptación» y requiere del concurso de una «proteína de transporte» que normalmente se localiza en la membrana de la neurona presináptica. Esta proteína atrae el excedente de neurotransmisores y lo traslada de vuelta a la neurona que los segregó, reduciendo en el proceso el número de moléculas neurotransmisoras presentes en la hendidura sináptica.

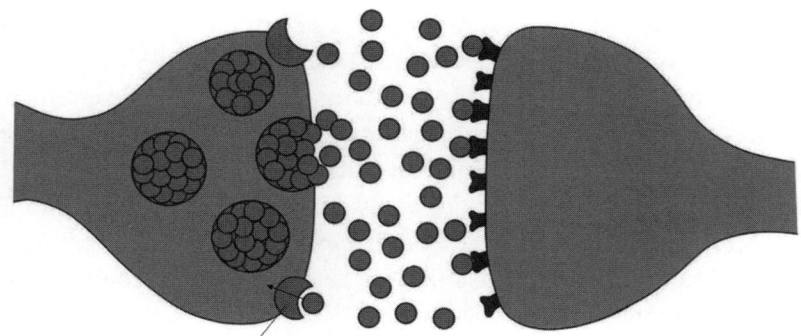

Proteína de transporte

El bloqueo o inhibición de la recaptación implica, por tanto, un aumento de los niveles de neurotransmisores en la hendidura sináptica. Teniendo esto en cuenta, los investigadores del gigante farmacéutico Eli Lilly and Company centraron sus esfuerzos en diseñar un antidepresivo que lograra inhibir la actuación de la «proteína transportadora de la serotonina», responsable del proceso de recaptación de este neurotransmisor. El resultado fue el Prozac, un medicamento que pasaría a conocerse como inhibidor selectivo de la recaptación de la serotonina (ISRS).

La estrella del baile

La FDA aprobó el Prozac en 1987 como tratamiento contra la depresión. A los tres años era ya el fármaco psiquiátrico más recetado en Norteamérica y en 1994 se convertiría en el segundo fármaco más vendido en el mundo, solo por detrás del antiácido Zantac (ranitidina).[22]

Otras empresas farmacéuticas se apresuraron a desarrollar sus propios fármacos ISRS y el mercado pronto acabó inundado de alternativas como el citalopram, la sertralina y la paroxetina. El Prozac había abierto el camino, pero los ISRS en su conjunto se convertirían en el tratamiento farmacológico por excelencia en la psiquiatría de las décadas de 1990 y 2000. En 2005, más del 10 por ciento de los estadounidenses consumían algún tipo de antidepresivo.[23]

El hecho de que los ISRS aumentaran los niveles de serotonina y que estos tratamientos se mostraran eficaces contra la depresión parecía confirmar la hipótesis de la serotonina. De hecho, los ISRS despertaron una verdadera fascinación por la serotonina, tanto entre la comunidad científica como entre el público en general. Se empezó a pensar que unos niveles adecuados de serotonina eran una condición necesaria para la felicidad humana y tenerlos bajos equivaldría a tristeza y depresión. El psiquiatra Peter D. Kramer, en su libro *Escuchando al Prozac*, escribió que la serotonina era el «neurotransmisor de la felicidad»[24], un sobrenombre que cuajaría entre la prensa de la época.

Con el tiempo, sin embargo, la idea de que la serotonina fuera el «neurotransmisor de la felicidad» perdería fuerza al mismo ritmo que se identificaban fallos en la hipótesis de la serotonina. Los científicos acabarían teniendo dificultades para rescatar elementos válidos en la hipótesis original.

Los fallos en la hipótesis de la serotonina

Los fármacos como los ISRS parecen producir un aumento de los niveles de serotonina aproximadamente una hora después de su ingesta.[25] Sin embargo, los ISRS y otros antidepresivos que actúan sobre la serotonina necesitan que el paciente se trate a diario durante tres o cuatro semanas antes de producir beneficios terapéuticos. Si la depresión se debe a un nivel bajo de serotonina, ¿por qué se produce entonces este desfase temporal? El retraso sugiere que la hipótesis de la serotonina ha dejado escapar algún elemento importante.

En otras palabras, debe haber algún otro mecanismo involucrado en estos procesos capaz de retrasar el efecto antidepresivo de estos fármacos durante semanas.

Además, los estudios de casos en los que se reducen los niveles de serotonina, hasta casi eliminarla por completo del organismo, no siempre resultan en síntomas de depresión.[26] Finalmente, existen otros tratamientos de la depresión tan eficaces como los ISRS que no actúan sobre el sistema de la serotonina.

Estas evidencias ponen en duda la validez de la hipótesis de la serotonina como explicación única de la depresión. Para complicarlo aún más, en la última década han comenzado a surgir dudas sobre la efectividad de los ISRS y otras antidepresivos que actúan sobre la serotonina. En algunos estudios realizados, sus resultados solo son algo mejores que los obtenidos con un placebo en la mayoría de los pacientes.[27]

Todo esto nos llevaría a concluir que si los ISRS son eficaces como tratamiento de la depresión, esta eficacia tiene que responder a factores que van más allá de su influencia sobre los niveles de serotonina. Deben ser capaces de influir sobre otros mecanismos neuronales todavía sin identificar.

Obviamente no estamos diciendo que la serotonina no influya sobre la tristeza y la depresión, o que este neurotransmisor no sea una diana terapéutica de la depresión. Únicamente se sugiere que su papel es mucho más complicado que la relación directa «serotonina = felicidad» inicialmente establecida. Dado que hay pacientes a los que los ISRS no les producen una mejoría, debemos concluir que los niveles de serotonina solo son relevantes en algunos casos de depresión. No sorprenderá saber que en la actualidad no son muchos los miembros de la comunidad científica que siguen clasificando a la serotonina como el «neurotransmisor de la felicidad».

Y así es cómo se celebró el funeral de la hipótesis de la serotonina, que durante décadas sirvió como dogma a la hora de explicar las causas de la depresión. Comparte ya tumba en el cementerio junto a otras muchas hipótesis científicas. Como es lógico, han surgido desde entonces varias hipótesis sustitutivas. Algunas de ellas tomaron la hipótesis de la serotonina como base y trataron de enmendar sus fallos, mientras que otras directamente apostaron por mecanismos explicativos totalmente diferentes.

En busca de respuestas

Una de las hipótesis que ha ido ganando terreno entre los investigadores de la depresión es la que vincula esta respuesta a situaciones extremas de estrés capaces de hacernos segregar grandes cantidades de la hormona del estrés: el cortisol. Cuando los niveles de cortisol aumentan en exceso, se pueden producir daños en las zonas del cerebro más sensibles a esta hormona, como es el caso del hipocampo, región que resulta además fundamental a la hora de desactivar las respuestas de estrés.

Por tanto, de acuerdo con esta propuesta, los pacientes estresados sufrirían daños en las regiones del cerebro que controlan el propio estrés, lo que acentuaría aún más la respuesta de estrés, situación que puede desembocar en la aparición de síntomas de depresión. Esta hipótesis podría explicar al retraso en la experimentación de los efectos beneficiosos de los antidepresivos. Sugiere que el aumento de los niveles de serotonina generado por los fármacos estimula la proliferación de proteínas en el cerebro. Estas proteínas servirán para producir nuevas neuronas y se conseguiría así reparar progresivamente las zonas del cerebro dañadas por el cortisol. La reparación irá unida a la recuperación de su funcionalidad en la gestión de la respuesta al estrés, paliando así los síntomas depresivos.

Otra hipótesis apunta a la existencia de una relación entre la depresión y la inflamación cerebral. La «inflamación» es un concepto con el que nos referimos a cualquier tipo de respuesta del sistema inmune del organismo ante su exposición a elementos dañinos, que pueden ser desde lesiones en algún tejido a la aparición de una infección causada por algún germen. Esta respuesta suele implicar el flujo acelerado de sangre rica en células del sistema inmune a la zona que sufre daños o que el organismo sospecha que está dañada.

En algunos casos estas respuestas inflamatorias desbordan la zona en la que se localiza la lesión y los niveles de células inmunitarias aumentan por todo el organismo. Se trata en este caso de una «inflamación crónica o sistémica» y sus efectos son muy perjudiciales. Las investigaciones realizadas sugieren que los pacientes con depresión pueden sufrir al mismo tiempo una inflamación sistémica, lo que algunos científicos identifican con efectos negativos sobre el cerebro con el resultado de aparición de síntomas depresivos.

De ser así, la gran pregunta seguiría siendo: ¿cuál es el origen entonces de ese aumento de la respuesta inflamatoria?

Algunos investigadores proponen que las causas son las mismas que solemos vincular con cualquier escenario de activación del sistema inmunitario: una infección. En otras palabras, una infección capaz de hacer enfermar al cuerpo es capaz también de afectar al cerebro y producir síntomas de depresión. En línea con esta idea, se ha propuesto el vínculo de diversos patógenos con la depresión. Los pacientes depresivos presentan, por ejemplo, más anticuerpos contra el virus del herpes simple (VHS) de tipo 1 –el causante de las llagas alrededor de la boca– que el promedio de la población general. Lo mismo ocurre con los anticuerpos del virus Epstein-Barr –otro tipo de herpes muy común causante de la mononucleosis– y con los del virus de la varicela-zóster –uno más de los virus de tipo herpes causante de la varicela y del herpes zóster–, observándose el mismo patrón con los anticuerpos frente a la *Chlamydia trachomatis* –la bacteria causante de la clamidia– y otros patógenos.[28]

¿UN CAFÉ CONTRA LA DEPRESIÓN?

Mientras que el alcohol, el tabaco y muchas otras sustancias psicoactivas no farmacológicas se vinculan con un mayor riesgo de depresión, lo contrario ocurre con la cafeína. El consumo moderado de cafeína se relaciona de hecho con un menor riesgo de sufrir depresión.[29] Así que, si te gusta beber café o té, puede que te convenga seguir consumiendo estas bebidas para ser feliz (conviene evitar, por el contrario, el consumo de refrescos o bebidas energéticas). La depresión y la mala calidad del sueño están relacionadas, por lo que ese café debes tratar de disfrutarlo al menos seis horas antes de irte a la cama. Evitarás así que pueda influir negativamente en tu sueño.

No se conocen los motivos por los que ciertos patógenos podrían tener una probabilidad mayor que otros de producir el tipo de inflamación cerebral que se relaciona con la depresión, pero es posible que algunos gérmenes tengan una mayor capacidad de acceder al cerebro que otros una vez han penetrado en el organismo. Al llegar al cerebro siembran el caos y no solo amplifican la respuesta inflamatoria, sino que son además capaces de atacar las estructuras cerebrales con resultado de lesiones o alteraciones del comportamiento.

Por otra parte, algunas personas podrían ser especialmente sensibles a la inflamación y su sistema inmunitario tener una tendencia a reaccionar exageradamente ante ciertos patógenos, o incluso ante estímulos que en otros individuos no desencadenan respuesta inmune alguna. En este último caso, ni siquiera es necesario sufrir una infección causada por alguno de estos patógenos.

Incluso si se acepta que la respuesta al estrés o la inflamación estén relacionadas con la depresión en algunos casos, seguimos sin poder explicar el fenómeno completo de la depresión en base a ellas. Una de las conclusiones más nítidas a las que se ha llegado durante estos últimos cincuenta años de investigaciones sobre la depresión es que este trastorno –como ocurre con la mayoría de los trastornos psiquiátricos y con las enfermedades en general– no se puede explicar recurriendo a una hipótesis única o a un mecanismo aislado. Hay muchos caminos que llevan a la depresión y centrarse en uno solo de ellos conduce a defender hipótesis indefendibles y a proponer tratamientos que, en el mejor de los casos, solo resultarán eficaces en un grupo limitado de pacientes. Conscientes de todo esto, los científicos siguen abriéndose paso poco a poco hacia el conocimiento de ese amplio conjunto de factores causantes de la depresión.

La depresión es un asunto de una urgencia notable, especialmente si tenemos en cuenta que las tasas de suicidio en Estados Unidos han aumentado en un 30 por ciento desde 1999.[30] Este dato debe servir para dar prioridad al estudio de la depresión por encima del análisis de la tristeza, a pesar de que ambos fenómenos van de la mano y las avances en un campo pueden servir de plataforma de conocimiento en el otro. Es posible que no creamos necesario eliminar la tristeza por completo de nuestras vidas, pero es probable que con el tiempo la ciencia logre evitar que un sentimiento normal de tristeza desemboque en una sensación incontrolable e irreprimible de desesperación.

Movimiento

Era la primavera de 1971. Ian Waterman tenía diecinueve años y sabía perfectamente lo que quería hacer con su vida. Trabajaba en una carnicería desde los trece años y le gustaba lo que hacía, además de haber demostrado ser más que capaz en su oficio. El dueño de la carnicería le ofreció la posibilidad de quedarse a cargo de la tienda —algo que llevaba años deseando—, por lo que Ian se sentía absolutamente feliz y veía su futuro con optimismo. Pero entonces cayó enfermo con algo que parecía una gripe y su vida perfectamente organizada descarriló al instante.[1]

Ian intentó seguir trabajando a pesar de estar enfermo, pero sus síntomas se volvieron cada vez más extraños. Lo más raro era una especie de falta de coordinación muscular difícil de explicar. Si cogía una taza para beber el té, no lograba mantenerla estable y acababa derramando el té. Un día, mientras esperaba en la puerta de la farmacia, sus piernas perdieron fuerza y se desplomó sin más en la acera. Cuando se levantaba de la cama, a veces se caía al primer apoyo. Ian comenzó a darse cuenta de que lo que padecía no era una gripe normal y corriente.

Se decidió a acudir al hospital, aunque para entonces ya tenía problemas con el habla. Los médicos creyeron al principio que simplemente estaba borracho. Ian estaba demasiado preocupado como para tomárselo a mal y su atención se centró en la aparición de un nuevo síntoma todavía más inquietante: estaba perdiendo la sensibilidad en manos y pies.

Cuando a la mañana siguiente despertó en una cama de hospital, no sentía su boca ni ninguna parte de su cuerpo por debajo del cuello. Y, sin embargo, era capaz de mover las extremidades con la salvedad de que, al hacerlo, no controlaba ni la dirección ni la velocidad del movimiento. Si trataba de levantar la mano unos centímetros, su brazo podía lanzarse al aire a toda velocidad y arrastrarle fuera de la cama.

Con el tiempo Ian daría con la explicación de estos movimientos anormales: si no veía una parte de su cuerpo, no sabía dónde estaba. Su cerebro no recibía esa información que todos solemos recibir sobre lo que nuestros músculos hacen y cuándo lo hacen.

Por ejemplo, si cerramos los ojos y movemos un brazo arriba y abajo, sabemos en todo caso si tenemos el brazo arriba o abajo, incluso si no lo vemos. Si Ian realizaba este ejercicio, no era capaz de decir hacia dónde se había movido el brazo, y ni siquiera sabía si de verdad lo había movido hasta verlo con sus propios ojos. Esta falta de información sensorial sobre su propio cuerpo hacía que Ian se sintiera como flotando en su cama de hospital.

La capacidad de percibir la posición de nuestro cuerpo en el espacio se llama «propiocepción», una palabra que significa básicamente percepción de uno mismo. Las vías de conexión neuronal que trasladan la información sobre el tacto al cerebro transmiten también información sobre la propiocepción. Los médicos lograron detectar que, en el caso de Ian, estas conexiones nerviosas habían quedado dañadas, posiblemente a causa de una respuesta inmune excesiva a una infección vírica. No se sabe por qué le ocurrió esto precisamente a Ian cuando millones de personas sufren gripes similares cada año sin consecuencias tan dramáticas.

Ian nunca recuperó el tacto o su propiocepción por debajo del cuello. La mayoría de los pacientes que sufren este trastorno no logran caminar, pero Ian consiguió volver a hacerlo con mucho esfuerzo y determinación, utilizando la información visual como guía para sus músculos. A pesar de que no siente las piernas, las puede ver. Anda mirando a sus piernas y utiliza la información visual de cómo se mueven para realizar las correcciones necesarias del movimiento. No es una tarea fácil y requiere de una gran concentración, pero Ian se empeñó en conseguirlo y esto le permite disfrutar de una vida algo más cercana a la normalidad.

El caso de Ian sirve para ilustrar la complejidad del sistema motor. El movimiento no consiste únicamente en enviar una señal desde el cerebro a un músculo. Se necesita también recibir información para realizar la multitud de ajustes que permiten que un movimiento consiga su objetivo de manera fluida y uniforme. El movimiento consiste en un conjunto de interacciones complejas entre el cerebro y el cuerpo que resultan engañosas por su apariencia de sencillez.

En busca del movimiento en el cerebro

El descubrimiento de Paul Broca sobre la posible existencia de un centro del lenguaje en el cerebro –asunto que tratamos en el capítulo 4– hizo que la comunidad neurocientífica del siglo XIX se ilusionara con la idea de que diferentes partes del cerebro se encargaran de realizar funciones específicas. Como ya se ha dicho, la mayoría de los neurocientíficos recelan hoy de este concepto del cerebro como colección de centros estancos exclusivamente dedicados a realizar una función, puesto que consideran que simplifica en exceso el intrincado diseño de las redes cerebrales responsables de la realización de las funciones cerebrales complejas. Al mismo tiempo, no se puede negar que ciertas zonas del cerebro se involucran especialmente en la realización de algunas funciones, especialmente cuando hablamos de procesos sensoriales o motores relativamente básicos y no de procesos complejos como es el caso, por ejemplo, del lenguaje.

Los trabajos de Broca galvanizaron los esfuerzos de toda una generación de neurocientíficos dedicada a la búsqueda e identificación de esas regiones cerebrales. El primer gran éxito en este desafío le correspondió a un par de jóvenes investigadores alemanes, Gustav Fritsch y Eduard Hitzig, solo una década después de que Broca conociera a «Tan».

Antes de hablar de los trabajos de Fritsch y Hitzig, debo prevenir al lector de que los experimentos que estos científicos realizaban con perros vivos pueden resultar difíciles de aceptar en la actualidad, especialmente si tenemos en cuenta que no anestesiaban adecuadamente a los animales con los que experimentaban.

Obviamente, la realización de los procedimientos quirúrgicos que se describen a continuación sin anestesia –y sin motivo razonado para no administrarla– se consideraría hoy una práctica contraria a los códigos éticos. Este tipo de acciones puede provocar el despido de cualquier investigador y su inclusión en una lista negra por malas prácticas. Sin embargo, Fritsch y Hitzig realizaban sus experimentos en una época en la que no se contaba con garantías que protegieran a los animales frente al maltrato más flagrante.

Siendo sinceros, debemos reconocer que Fritsch y Hitzig no son un caso único de maltrato animal en la historia de la neurociencia. Simplemente vivieron en un tiempo en el que no se pensaba en el sufrimiento de los animales con los que se experimentaba. Incluso entendiendo que los valores de entonces y ahora difieren notablemente, leer la descripción de los experimentos de Fritsch y Hitzig puede resultar desagradable. Sin embargo, los trabajos de estos dos científicos resultaron fundamentales para avanzar en nuestra comprensión del cerebro, motivo por el que se recogen aquí. En cualquier caso, si la descripción de estos experimentos resulta demasiado cruda al lector, no debe dudar en saltarse las siguientes páginas y pasar a la siguiente sección titulada «La corteza motora».

Fritsch y Hitzig habían llegado, trabajando por separado, a ciertas conclusiones similares que apuntaban a que al menos ciertos movimientos tenían su origen en una zona específica de la corteza cerebral, una región que acabaría conociéndose como «corteza motora». Eran conscientes de que iban a necesitar poner sobre la mesa pruebas muy sólidas si pretendían convencer a toda la comunidad científica de que una parte de la corteza cerebral se dedicaba a controlar el movimiento.

Varios investigadores habían tratado de identificar, antes que Fritsch y Hitzig, esa corteza motora, lo que podría haberles desanimado a seguir investigando por este camino. Pero no ocurrió así. Fritsch y Hitzig eran jóvenes seguros de sí mismos a los que el fracaso previo de venerables científicos no disuadió de seguir adelante con sus investigaciones. Atribuían esos fracasos a errores o a la falta de perseverancia de sus predecesores, por lo que estaban seguros de que lograrían el éxito donde los demás habían fracasado.

Es posible que esta convicción llevara a Fritsch y Hitzig a ignorar obstáculos que, por simple conveniencia o incluso por prudencia, hubieran conducido a otros científicos a explorar hipótesis alternativas. Los experimentos de Fritsch y Hitzig consistían en la estimulación eléctrica de áreas expuestas del cerebro y en la extirpación de pequeñas porciones de la corteza cerebral de perros vivos. Cualquier investigador hubiera pensado en la necesidad de contar con un laboratorio espacioso y con mesas de operaciones dotadas de sistemas de inmovilización para los animales. Hitzig propuso utilizar el cuarto de invitados de su casa y ambos científicos, sorprendentemente, estuvieron de acuerdo en que era una opción válida.

Los experimentos de Fritsch y Hitzig se representaban en un escenario visualmente macabro. Solían trabajar sobre la mesa de tocador de un dormitorio vacío –y no en la sala limpia de un laboratorio–, lo que convertía la desagradable escena en algo todavía más espeluznante. Fritsch y Hitzig comenzaban por extraer una parte –la mitad o únicamente la sección que cubre los lóbulos frontales– del cráneo de los perros. Aplicaban una suave corriente eléctrica –cuya intensidad regulaban en función de la sensación que producía al aplicarlos sobre sus propias lenguas– para activar las neuronas de diferentes zonas del cerebro. Recordemos que, aunque pueda sonar desagradable, la manipulación del tejido cerebral y la aplicación de corrientes eléctricas no causa dolor puesto que el cerebro no posee receptores que permitan sentirlo. Observaron que la estimulación de una cierta zona provocaba movimientos involuntarios en las patas del lado opuesto del cuerpo. Al estimular otras zonas cercanas a esta se observaban movimientos en la cara y el cuello del animal. Fritsch y Hitzig estaban convencidos de haber realizado un descubrimiento fantástico. Habían encontrado lo que describían como «centros motores individuales», zonas específicas del cerebro que controlaban el movimiento de partes específicas del cuerpo.

Para verificar sus resultados, el siguiente paso consistió en lesionar esos supuestos centros motores y observar si esto impedía el movimiento de las partes correspondientes del cuerpo, de modo similar a las dificultades en el habla que se observaban cuando el área de Broca sufría daños. Seleccionaron dos perros –ahora sí adecuadamente anestesiados– y siguieron el mismo procedimiento que les había permitido identificar el centro motor que controlaba el movimiento de las patas. A continuación extraían, usando el mango de un escalpelo a modo de cuchara, un trozo del cerebro en esa zona.

Sus experimentos no eran demasiado precisos. En cuanto a la cantidad de tejido cerebral extirpado de uno de los perros, lo clasificaron como del tamaño de «una lente pequeña» mientras que en el otro perro fue «algo mayor».[2] Detectaron, en cualquier caso, síntomas similares en ambos animales, difiriendo únicamente en el grado de severidad. La pata del lado opuesto al hemisferio lesionado no parecía funcionar del todo bien. A veces se deslizaba hacia adelante al andar, provocando la caída del perro. Si se sentaba, la pata no era capaz de soportar el peso del animal, por lo que perro iba deslizándose hasta caer de lado.

En conclusión, los perros no habían quedado paralizados como consecuencia de las lesiones cerebrales, pero sí sufrían trastornos motores y estos trastornos se asociaban a la extirpación de la misma zona del cerebro que conseguía producir el movimiento involuntario de las patas cuando se sometía a estimulación eléctrica. Este hecho confirmaba que Fritsch y Hitzig habían encontrado lo que buscaban: la corteza motora.

La corteza motora

Fritsch y Hitzig localizaron la parte de la corteza cerebral canina dedicada al control del movimiento, pero estudios posteriores confirmarían que los humanos también poseen una corteza motora. Aún llevaría algo de tiempo a los neurocientíficos el llegar a comprender bien el funcionamiento de la corteza motora. Se lograría gracias a la estimulación eléctrica de los cerebros de pacientes con epilepsia a finales del siglo XIX y principios del XX.

Corteza motora

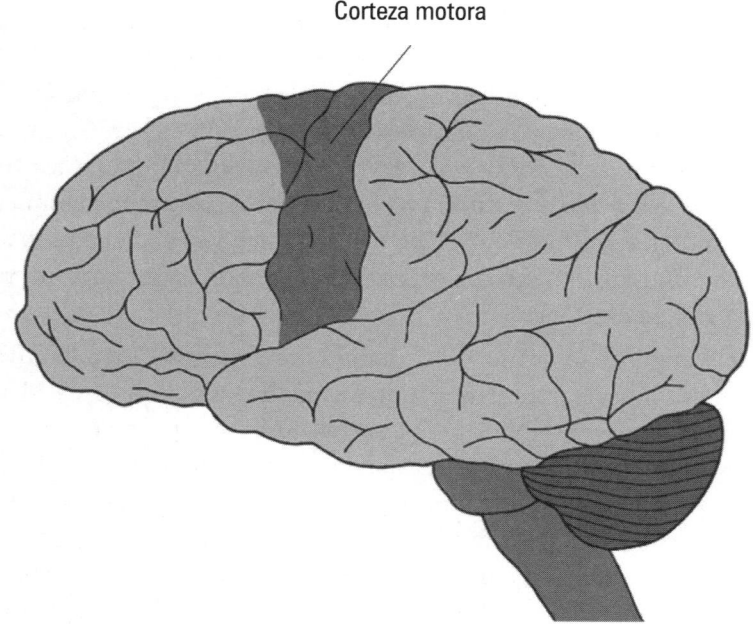

A finales del siglo XIX, un neurocirujano alemán llamado Feodor Krause se convirtió en pionero en el uso de la cirugía para el tratamiento de la epilepsia. Su método consistía en aplicar una suave corriente eléctrica a diferentes zonas de la corteza cerebral (expuesta) de pacientes conscientes, hasta identificar cuál de esas zonas era la responsable de los síntomas vinculados a los ataques epilépticos (como es el caso de las auras, un cambio perceptivo particular que experimentan los pacientes epilépticos justo antes de sufrir un ataque). Después de marcar la zona, Krause extirpaba esa porción de tejido cerebral y al hacerlo disminuía la probabilidad de que el paciente sufriera ataques.

Krause tenía siempre a su lado a un ayudante que registraba los efectos de la estimulación de las distintas zonas del cerebro durante las intervenciones. Así pudo confirmar en humanos lo que Fritsch y Hitzig habían observado en los perros: una región específica de la corteza cerebral produce movimientos en el cuerpo al ser estimulada. Al igual que Fritsch y Hitzig, Krause observó que la estimulación de diferentes zonas de la corteza motora producía sistemáticamente el movimiento de diferentes partes del cuerpo. La estimulación de una de las zonas producía el movimiento involuntario de la pierna del paciente, mientras que otra hacía que se moviera su mano, y así sucesivamente.

Estas observaciones permitieron a Krause confirmar que la corteza motora humana se dispone de forma similar a un mapa del cuerpo, dedicándose cada zona dentro de ella al movimiento específico de una parte del cuerpo. Además, las partes del cuerpo involucradas en movimientos más complejos gozan de parcelas mayores en el reparto de la corteza motora. Nuestras manos, por ejemplo, ocupan una porción notable de la corteza, mientras que a los dedos de los pies se les reserva una parcela minúscula.

Varias décadas después, el prestigioso neurocirujano Wilder Penfield refinaría el enfoque de Krause en el tratamiento quirúrgico de la epilepsia. Aplicando el mismo método de estimulación de los cerebros de los pacientes epilépticos, lograría dibujar un mapa mucho más preciso de la corteza motora, así como de la corteza cerebral en su conjunto. Penfield contrató a un artista local para crear una representación visual de cómo las diferentes partes de la corteza motora –también lo haría con la corteza sensorial, aspecto que analizaremos más adelante– se vinculaban con determinadas partes del cuerpo.

La imagen resultante es lo que pasó a conocerse como «homúnculo» motor («homúnculo» significa «persona pequeña»). El homúnculo representa la imagen de un ser humano con sus distintas partes ajustadas en tamaño en función de la cantidad de corteza motora dedicada a su control. Por ejemplo, las manos del homúnculo son muy grandes comparadas con los pies, como se ve en la imagen siguiente.

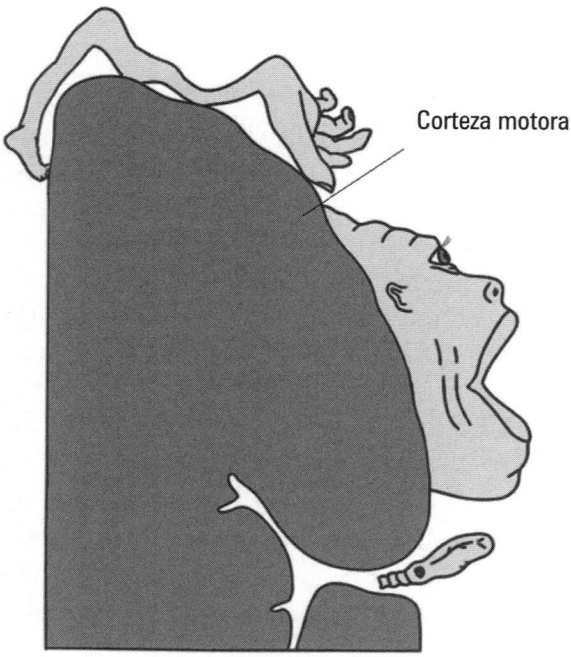

Corteza motora

El homúnculo motor. La corteza motora es la zona grande y gris del dibujo. Se dibujan partes del cuerpo sobre las zonas de la corteza motora que se suponen controladas por ellas. Esas partes del cuerpo aparecen distorsionadas con el fin de indicar el tamaño relativo de la parte de la corteza motora dedicada a su control (por ejemplo, las manos son controladas por una porción de corteza motora más grande que los pies).

A pesar de que hoy en día casi cualquier libro de texto introductorio sobre neurociencia presenta una imagen del homúnculo motor, los años han ido aclarando que estos mapas simplificados no nos cuentan la historia al completo. En lugar de que cada zona de la corteza motora esté relacionada con un músculo o parte del cuerpo en particular, los mapas corticales representarían movimientos, involucrando estos movimientos a diversos músculos, tanto por contracción como por inhibición. De hecho, los neurocientíficos siguen debatiendo sobre lo que estos mapas de la corteza motora realmente representan,[3] recogiéndose esta controversia incluso en algunos libros de texto.

La corteza motora en faena

Antes de que se produjera el mapa completo de la corteza motora, ya se había logrado identificar muchas de las vías que salían y entraban de ella para permitir el control cerebral del movimiento. La más importante de estas vías de conexión comienza en las células de la corteza motora, que envían sus axones a través del cerebro y hasta la médula espinal. A esta vía que va de la corteza a la médula espinal se la denomina «tracto corticoespinal».

Las neuronas de la médula espinal con las que se comunica el tracto corticoespinal llegan después hasta los músculos del cuerpo, produciendo su contracción. Cabe destacar que las señales que activan los músculos en el lado izquierdo del cuerpo tienen su origen normalmente en el lado derecho del cerebro. Esto se debe a que la mayoría de los axones del tracto corticoespinal se cruzan de un lado al otro al llegar al tronco cerebral y, a partir de este punto, viajan por el lado contrario del cuerpo al de su origen en el cerebro.

Este cruce nervioso que técnicamente se conoce como «decusación» tiene utilidad desde el punto de vista clínico. Por ejemplo, si alguien acude a urgencias con síntomas como dolor de cabeza, visión borrosa, confusión, y es incapaz de mover los músculos del lado izquierdo del cuerpo, el médico probablemente asumirá que está sufriendo un ictus en el lado derecho del cerebro. La razón está en que las neuronas del tracto corticoespinal que controlan el movimiento del lado izquierdo del cuerpo tienen su origen en el hemisferio derecho del cerebro.

Motricidad fina

Hasta el momento hemos aprendido que la decisión para, digamos, coger una taza de café con la mano derecha se inicia en las neuronas de la corteza motora del hemisferio izquierdo. Estas células enviarán una señal que viajará a través del tracto corticoespinal hasta llegar a las neuronas de la médula y estas acabarán alcanzando los músculos que controlan el movimiento del brazo derecho. Los músculos del brazo derecho se contraerán y *voilà*: hemos conseguido coger la taza.

Parece un proceso bastante simple, pero lo cierto es que la actividad del tracto —a pesar de tratarse de una vía nerviosa primaria— no representa más que una pequeña fracción de lo que realmente ocurre. Entre bambalinas pasan muchas otras cosas que garantizan, por ejemplo, que al tratar de coger la taza con la mano acertemos con ella en lugar de golpearla, tirarla o ni siquiera rozarla.

Se necesita un gran volumen de actividad neuronal para lograr que los movimientos sean fluidos en lugar de resultar bruscos y torpes. Durante todo el proceso de lo que nos parece un movimiento continuo, el cerebro se dedica a realizar continuos cálculos y ajustes, y lo hace de una manera tan eficaz que ni siquiera son detectables.

Son muchas las partes del cerebro involucradas en este ajuste fino de los movimientos, pero las dos más importantes son el «cerebelo» y un grupo de estructuras que se conoce como «ganglios basales».

El «pequeño cerebro»

El cerebelo es una de las estructuras más fáciles de reconocer en el cerebro. Sobresale de la parte posterior e inferior de la corteza cerebral y parece un cerebro en sí mismo, solo que en versión reducida. De hecho, la palabra *cerebellum* significa en latín «cerebro pequeño».

Aunque el cerebelo es mucho más pequeño que el cerebro, su densidad neuronal es muy alta. De hecho, contiene el 80 por ciento de las neuronas del cerebro a pesar de que su volumen solo representa el 10 por ciento de total.[4]

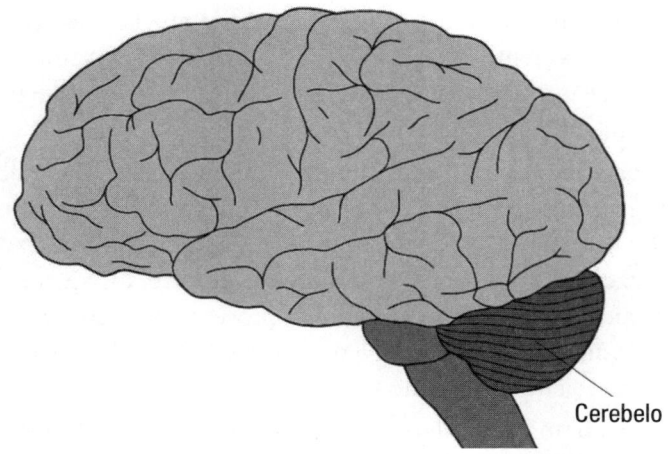

Cerebelo

Es de esperar que una región del cerebro con tantas neuronas realice un gran número de funciones y así ocurre en el caso del cerebelo. Se piensa que interviene en las emociones, el lenguaje y en la realización de varias funciones cognitivas más, aunque históricamente se le ha vinculado siempre con el movimiento.

El cerebelo contribuye de diversas formas al movimiento. Una de ellas es la facilitar las correcciones motoras que se realizan sobre la marcha de las que acabamos de hablar.

Volvamos al ejemplo de la taza de café. Al extender el brazo para cogerla, el cerebelo recibe información de los receptores localizados en los músculos y articulaciones, gracias a lo cual logra situar el brazo en el espacio (información propioceptiva). Se cree que el cerebelo compara la posición de partida del brazo con la posición objetivo para lograr coger la taza. Si estima que el brazo se ha desviado de la posición objetivo –en cuyo caso no lograría coger la taza–, realizará una corrección para ajustar su movimiento al plan original transmitido por la corteza motora.

Dado que el cerebelo hace este tipo de correcciones continuamente, el movimiento del brazo resulta de multitud de pequeños movimientos no detectables al observador medio. Se producen innumerables desajustes seguidos de correcciones que devuelven el movimiento a la trayectoria inicialmente deseada. Es lo mismo que ocurre con un avión que vuela de Nueva York a San Francisco. El rumbo a seguir parece una línea limpia y directa, pero hay innumerables variables que lo alteran (viento, meteorología, tráfico aéreo) que hacen que casi nunca se repita exactamente la misma ruta entre dos puntos, y mucho menos que siga una línea perfectamente recta. Si analizamos en detalle esas rutas veremos que se producen pequeñas desviaciones y correcciones que devuelven al avión a la ruta previamente trazada.

Las correcciones del movimiento que orquesta el cerebelo se producen en milisegundos y cada una de ellas implica un minúsculo cambio de dirección. Esto explica que el movimiento no parezca torpe ni se produzca a trompicones, sino todo lo contrario: los ajustes rápidos lo hacen fluido, preciso y coordinado. El proceso en su conjunto parece desarrollarse sin esfuerzo alguno, a pesar del vendaval de cálculos que se están realizando entre bambalinas.

Esta es solo una de las tareas relacionadas con el movimiento de las que se encarga el cerebelo. También contribuye a mantener el equilibrio y a la planificación anticipada de movimientos. Además, se cree que el cerebelo interviene de manera decisiva en los procesos de aprendizaje que permiten recordar secuencias de movimientos, como las necesarias para montar en bicicleta.

La importancia del cerebelo en el movimiento se vuelve muy aparente cuando observamos a una persona con algún tipo de lesión cerebelar. Estas lesiones pueden deberse a un ictus o a un trastorno denominado «ataxia cerebelosa».

Con el término ataxia solemos referirnos a condiciones caracterizadas por una anormalidad en el movimiento y, en los casos de ataxia cerebelosa, los pacientes experimentan una falta de coordinación motora, realizando movimientos a destiempo, bruscos o temblorosos. Los síntomas varían según el caso y según la parte del cerebelo afectada, pudiendo manifestarse en forma de problemas de equilibrio o incluso de trastornos emocionales y cognitivos.

CONECTANDO CEREBROS Y ORDENADORES

Uno de los avances recientes que más expectación está despertando en el campo de la neurociencia es el interfaz cerebro-ordenador (BCI, por sus siglas en inglés). El BCI permite la comunicación directa entre el cerebro y un ordenador a través de una conexión por cable. Los investigadores han logrado utilizar este sistema para ayudar a pacientes con parálisis a recuperar su movilidad. Para conseguirlo, el BCI registra la actividad cerebral de la corteza motora a través de una serie de electrodos situados dentro o fuera del cráneo. Al detectar la actividad eléctrica, los electrodos envían la señal a un ordenador capaz de traducir esas señales y plasmar la voluntad del paciente. Cuando la persona piensa en mover una mano, la señal es capaz de controlar el movimiento de una mano robótica. Esta tecnología está todavía en sus primeras fases de desarrollo, pero parece factible pensar que un día sea posible utilizarla para tratar a pacientes aquejados de diversos tipos de parálisis.

En lo que respecta al movimiento, puede que el cerebelo no sea el que dé habitualmente el primer paso, pero su intervención posterior es fundamental para que nuestro cuerpo pueda realizar esos movimientos de forma coordinada. Aun así, el cerebelo no es la única estructura capaz de modificar o corregir la planificación de movimientos realizada por la corteza motora. Existe otro conjunto de estructuras, los ganglios basales, que también interviene en este proceso y lo dota de precisión y fluidez.

Los ganglios basales

En la parte más profunda de los dos hemisferios cerebrales se encuentran unas regiones que conjuntamente se denominan ganglios basales y que son determinantes como facilitadoras del movimiento, encargándose además de otra serie de tareas no relacionadas con el movimiento. La palabra «basal» hace referencia a su localización cerca de la base del cerebro, mientras que el uso del término «ganglio» realmente es una referencia errónea según las convenciones de la neurociencia moderna. Un ganglio es un grupo de neuronas, pero suele aplicarse a agrupaciones en el sistema nervioso periférico, es decir, aquellos nervios distintos de los del cerebro y la médula espinal. Por tanto, hablar de «ganglios» para definir a los ganglios basales no es técnicamente correcto y sería más adecuado describirlos como «núcleos basales».

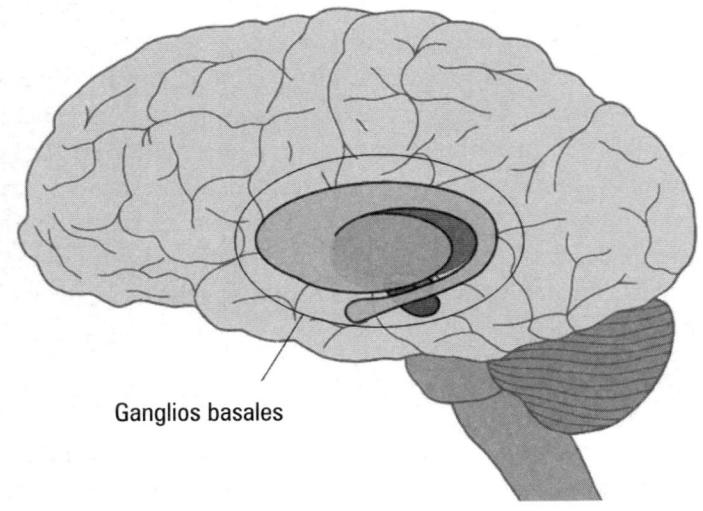

Ganglios basales

Los ganglios basales se conforman a partir de las siguientes estructuras: núcleo caudado, globo pálido, putamen, sustancia negra y núcleo subtalámico. Cada una de estas partes tiene funciones importantes dentro del cerebro, pero todas ellas están además interconectadas formando una red fundamental para el control del movimiento.

Sin embargo, se sigue debatiendo respecto a la contribución exacta que realizan los ganglios basales en el control del movimiento. Los investigadores están de acuerdo en una cosa: sus funciones en relación con el movimiento son múltiples. Por ejemplo, se cree que las redes de los ganglios basales nos ayudan a elegir el movimiento que con más probabilidad de éxito, de entre todos los posibles, cumplirá un objetivo, como puede ser recibir una recompensa. De igual forma, los ganglios basales también intervienen en la preparación del cuerpo para realizar un movimiento, aunque no está claro cómo lo hacen.

Los ganglios basales suelen relacionarse, en la práctica, con el inicio y la ejecución de un movimiento. Una hipótesis muy extendida, aunque debatida, propone que ciertas vías de conexión de los ganglios basales facilitan la ejecución del movimiento deseado e inhiben la realización de todos los demás posibles. Volvamos al ejemplo de la taza de café para tratar de entender esta propuesta.

En primer lugar, debemos tener en cuenta lo que ocurre en los momentos previos al movimiento destinado a agarrar la taza, ese instante en el que todavía estamos quietos. Puede que parezca que el cerebro no tiene demasiado trabajo cuando estamos inmóviles, pero en realidad trabaja constantemente para inhibir todo movimiento que no deseamos realizar. En otras palabras, el cerebro pisa continuamente un freno que evita que nuestras manos se disparen involuntariamente hacia arriba, que nuestra cabeza se mueva de un lado a otro, y así sucesivamente. Los ganglios basales serían los responsables de esta acción supresora.

Cuando estamos listos para coger la taza de café, se cree que los ganglios basales tienen una función inhibidora de aquellas contracciones musculares que impedirían realizar el movimiento. En otras palabras, al abrir la mano para agarrar la taza, no queremos que los músculos de la mano se contraigan y la cierren para formar un puño. Los ganglios basales tienen que inhibir este movimiento de contracción y lo hacen de forma que todo el proceso fluya con naturalidad y eficacia.

Se trata únicamente de una hipótesis, puesto que a pesar de la importancia que los ganglios basales parecen tener en el movimiento, no somos capaces de explicar suficientemente su aportación. Sí sabemos que su importancia en el control del movimiento es determinante en vista de lo que ocurre en las personas cuyos ganglios basales no funcionan con normalidad. Un ejemplo lo encontramos en uno de los trastornos motores más fácilmente reconocibles: la enfermedad de Parkinson.

La enfermedad de Parkinson

En el capítulo 2 se habló de la enfermedad de Alzheimer, la enfermedad neurodegenerativa más común en el mundo moderno. La enfermedad de Parkinson es la segunda más común y afecta a unos diez millones de personas en todo el planeta. Al igual que ocurre con la enfermedad de Alzheimer, el párkinson afecta fundamentalmente a personas mayores. Hay excepciones, como lo atestiguan los casos de personas famosas como el boxeador Muhammad Ali o el actor Michael J. Fox, que se corresponden con lo que se conoce como enfermedad de Parkinson de inicio temprano (EPIT). Ambos fueron diagnosticados a la edad de cuarenta y cinco años.

A pesar de que sabemos que la edad es el principal factor de riesgo para sufrir la enfermedad de Parkinson, en la gran mayoría de los casos no se conocen las causas por las que este mal afecta a unas personas y a otras no. Se cree que la enfermedad se produce cuando coinciden una serie de factores genéticos y ambientales, pero es probable que la combinación de factores varíe de un caso a otro. Lo cierto es que nuestro conocimiento de la enfermedad de Parkinson sigue en una fase poco avanzada.

La enfermedad de Parkinson produce diversos síntomas, muchos de los cuales no están relacionados directamente con el movimiento: estreñimiento, anormalidades olfativas, cambios de humor o demencia. En cualquier caso, los trastornos del movimiento son las señales más visibles de la enfermedad.

Moverse a cámara lenta

En 1996, la leyenda del boxeo Muhammad Ali encendía el pebetero con la antorcha olímpica, un ritual que se repite en la ceremonia inaugural de los Juegos olímpicos desde la década de 1920. Habían pasado más de doce años desde que a Ali se le diagnosticara en 1984 –aunque ya tenía síntomas antes de esa fecha– como enfermo de párkinson.

La imagen de Ali encendiendo el pebetero despierta a un tiempo sentimientos de ternura y tristeza. Dieciocho años antes, Ali había sido campeón del mundo de los pesos pesados. Al final de su carrera era obvio que ya no era aquel que muchos consideran como el mejor boxeador de todos los tiempos. Pero incluso más viejo y lento, Ali seguía siendo el mejor del mundo.

Ali se retiró en 1981. Cuando encendió el pebetero en Atlanta quince años después, parecía moverse a cámara lenta. Su cara carecía de expresión y cada uno de sus movimientos parecía exigirle un esfuerzo enorme y una gran concentración. Sin embargo, lo que más impresionaba era ver cómo temblaban sus manos y brazos cuando los dejaba relajados junto al cuerpo. A muchos televidentes les sorprendió que, a pesar de ello, pudiera sostener la antorcha con relativa firmeza. Todavía más sorprendente fue ver que su mano volvía a temblar ostensiblemente nada más soltarla.

La imagen de Muhammad Ali en los Juegos Olímpicos de Atlanta nos ofrece un ejemplo perfecto de los síntomas típicos de la enfermedad de Parkinson. El primero y más evidente de estos síntomas suelen ser los temblores, como los de Ali. Suelen comenzar en manos y brazos para después afectar a las piernas a medida que la enfermedad avanza. También aumentan su intensidad con el tiempo. Lo curioso es que los temblores son más intensos cuando el paciente está relajado. Es decir, si este decide hacer algo con una extremidad afectada, los temblores se atenúan. Sin embargo, a medida que la enfermedad avanza, ni siquiera estos movimientos voluntarios logran aliviar la intensidad de los temblores.

Otro síntoma habitual de la enfermedad de Parkinson es la lentitud de movimientos que, en términos médicos se denomina «bradicinesia» (literalmente se traduce como «movimiento lento»). La bradicinesia hace que todo movimiento realizado por el paciente parezca requerir un gran esfuerzo, especialmente en el momento de iniciarlo. En ocasiones parecen incluso quedarse congelados al tratar de moverse.

Los músculos de los pacientes con párkinson suelen presentar un tono muscular aumentado, lo que implica que sus cuerpos tiendan a estar rígidos. Si queremos tratar de hacernos una idea de cómo afectaría esto a nuestro movimiento, solamente tenemos que tratar de coger algo con la mano mientras mantenemos tensos los músculos del brazo.

Todos estos síntomas provocan que hasta el más sencillo de los movimientos sea una odisea para el enfermo. Tratar de permanecer quietos es igualmente complicado, puesto que los temblores se lo impiden. Estos síntomas son de por sí terribles, pero lo verdaderamente descorazonador es que una vez la persona afectada comienza a sufrirlos solamente van a peor. La velocidad de progresión de la enfermedad varía de un caso a otro, pero el avance es inexorable y acaba provocando la muerte del enfermo.

Falta de dopamina

El cerebro sufre diversos cambios durante la enfermedad de Parkinson, pero el más aparente es el de la disminución del número de neuronas en una de las regiones de los ganglios basales: la «sustancia negra». La sustancia negra –aunque deberíamos utilizar el plural puesto que se compone de dos regiones– es un grupo de neuronas del mesencéfalo (recordemos que en el capítulo 3 nos referimos a él al hablar de las partes del tronco cerebral). La sustancia negra solo puede estudiarse una vez diseccionado el tronco cerebral. Al hacerlo, encontraremos una franja oscura visible a simple vista. La oscuridad se debe a un pigmento llamado neuromelanina, presente en la mayoría de las neuronas de esta zona, de ahí su nombre, que originalmente en latín era *substantia nigra*.

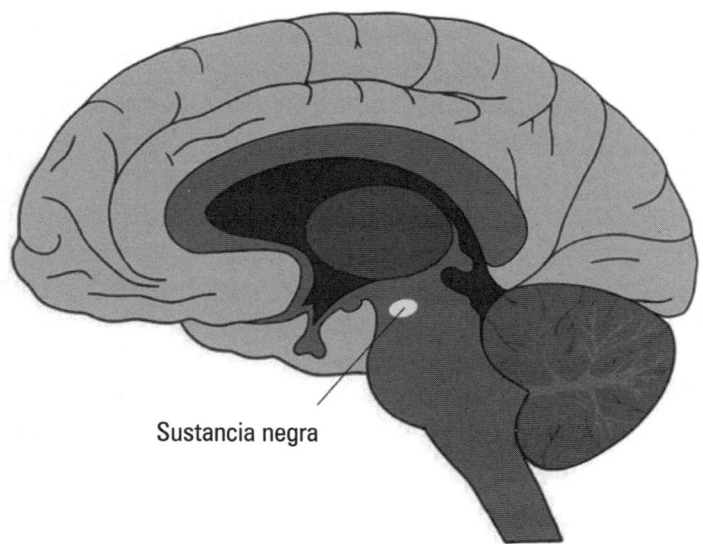

Sustancia negra

La gran mayoría de las neuronas de la sustancia negra contienen el neurotransmisor dopamina. De hecho, la sustancia negra es una de las principales zonas de producción de dopamina en el cerebro (la otra es el «área tegmental ventral» (ATV), a la que nos referiremos de nuevo en el capítulo 8). Muchas de las neuronas dopaminérgicas de la sustancia negra extienden sus axones hacia otras zonas de los ganglios basales, como el núcleo caudado y el putamen. Se cree que estas conexiones son fundamentales para que los ganglios basales logren facilitar el movimiento.

En la enfermedad de Parkinson, sin embargo, las neuronas dopaminérgicas de la sustancia negra mueren a una tasa alarmante. Cuando aparecen los primeros síntomas de deterioro motor, se estima que el 50 por ciento de las neuronas de esta región cerebral ya han desaparecido.[5] Cuando el paciente muere, habrá perdido alrededor del 70 por ciento de las neuronas dopaminérgicas de la sustancia negra.[6]

No se ha establecido con claridad la relación entre la desaparición de estas neuronas dopaminérgicas y los síntomas que se observan en la enfermedad de Parkinson. Una de las hipótesis que se plantean es la de que estas neuronas que mueren sean determinantes en la relajación de la inhibición. Sin la acción de las neuronas dopaminérgicas, el inicio de cualquier movimiento supone un gran esfuerzo. En cualquier caso, este mecanismo solo explica algunos de los síntomas del párkinson (la bradicinesia) y restaría mucho por explicar sobre los efectos de la muerte de las neuronas dopaminérgicas en la enfermedad en su conjunto.

Tampoco conocemos las causas por las que estas neuronas dopaminérgicas de la sustancia negra se mueren. Hay evidencias que apuntan a su relación con otro de las elementos que caracterizan a la enfermedad de Parkinson en el cerebro: la acumulación anormal de proteínas formando lo que se conoce como «cuerpos de Lewy». Estos depósitos se componen de la proteína alfa-sinucleína y se parecen en cierto modo a los que se observan en la enfermedad de Alzheimer: se forman dentro de las neuronas, se muestran resistentes a su metabolización enzimática y se relacionan con la muerte celular.

Y, a pesar de todo, no se puede afirmar que haya un vínculo entre los cuerpos de Lewy y la muerte neuronal en la enfermedad de Parkinson. Por tanto, podemos describir las lesiones primarias que se observan en un cerebro afectado por párkinson y sus anormalidades, pero persisten las dudas sobre las causas reales de la patología y de su avance. El conocimiento limitado de la enfermedad no impide que existan algunas opciones terapéuticas eficaces, al menos temporalmente, contra los síntomas del párkinson.

Levodopa y párkinson:
¿un medicamento milagroso?

A menudo planteo a mis estudiantes la siguiente pregunta: si nos hablan de una enfermedad relacionada con niveles bajos de dopamina, ¿cuál sería el modelo terapéutico más lógico asumiendo que cualquier opción fuera viable? Normalmente algún alumno responde con la propuesta que espero escuchar: «Darles dopamina».

No se trata de una opción descabellada. Se puede administrar dopamina como fármaco y suele de hecho utilizarse para tratar casos extremos de baja presión arterial, normalmente en recién nacidos. Sin embargo, el cerebro tiene una característica muy especial que dificulta la llegada de cualquier medicación a este órgano. Las células que constituyen los vasos sanguíneos cerebrales están muy bien soldadas unas con otras, lo que impide a la mayoría de las sustancias pasar de la sangre al cerebro. El agua y el oxígeno sí logran atravesar esta barrera, denominada «barrera hematoencefálica», y lo mismo ocurre con otros compuestos importantes como la glucosa. Por el contrario, la mayoría de las toxinas y gérmenes no son capaces de atravesar esta barrera.

Esta característica también dificulta la administración de fármacos que pretendan influir sobre el cerebro. Las sustancias que logran afectar a nuestro cerebro (el alcohol, la cocaína, los antidepresivos, etc.) tienen características específicas que les permiten atravesar la barrera hematoencefálica. Si no las tuvieran, no las tomaríamos porque no nos harían sentir nada. La dopamina que usa el cerebro se produce en el propio cerebro y no necesita ser capaz de atravesar la barrera hematoencefálica. Por tanto, si un paciente con párkinson recibe una inyección de dopamina, esta sustancia circulará en su sangre sin conseguir en ningún caso acceder al cerebro.

A principios de la década de 1960 los investigadores descubrieron que la administración de una sustancia de la familia de la dopamina llamada levodopa (L-DOPA) produce una mejora muy importante en los síntomas del párkinson. La L-DOPA es uno de los eslabones que intervienen en el proceso de síntesis de la dopamina en el cerebro. La producción de dopamina en un cerebro sano parte de la transformación química del aminoácido tirosina en L-DOPA, cuya posterior transformación produce dopamina.

¿BEBERSE UN CAFÉ REDUCE EL RIESGO DE SUFRIR PÁRKINSON?

¿Quieres reducir el riesgo de sufrir la enfermedad de Parkinson? Puede que no tengas que hacer nada fuera de lo normal: basta con el café o el té del desayuno. En diversos estudios se vincula la cafeína (presente en el café, el té o los refrescos) con una reducción del riesgo de sufrir párkinson y los beneficios de esta sustancia se hacen más evidentes cuanto mayor es su consumo diario.[7] No está claro por qué ocurre así, aunque la hipótesis que se baraja apunta a que el bloqueo de los receptores de adenosina provocado por la cafeína protege a las neuronas dopaminérgicas de la sustancia negra frente a posibles lesiones. Puede que sorprenda saber que en los estudios también se suele vincular el consumo de tabaco con un menor riesgo de párkinson.[8] El tabaco, sin embargo, acarrea muchos otros riesgos para la salud, por lo que ningún médico va a recomendarnos fumar para protegernos frente al párkinson.

A diferencia de la dopamina, la L-DOPA sí es capaz de atravesar la barrera hematoencefálica, por lo que cuando se administra a un paciente esta logra acceder al cerebro, aunque no sabemos muy bien lo que ocurre entonces. En cualquier curso de neurología se enseña a los estudiantes que el cerebro normalmente utiliza la L-DOPA para producir más dopamina y esto ayuda al paciente a recuperar sus niveles de esta sustancia, mermados por efecto de la enfermedad. A pesar de que la L-DOPA funciona teóricamente así en el cerebro, parece que el mecanismo de acción completo es más complejo y no lo conocemos con exactitud. Es posible, por ejemplo, que la L-DOPA actúe directamente como neurotransmisor[9] o que se transforme en otras sustancias activas capaces de influir sobre la actividad de la dopamina.[10]

Independientemente de todo ello, la realidad es que el inicio de un tratamiento a base de L-DOPA por parte de un paciente con párkinson tiene efectos que *a priori* parecen milagrosos. En algunos casos, un paciente con movimientos a cámara lenta, aquejado de temblores que le imposibilitan sentarse quieto y que además sufre rigidez y problemas de equilibrio, verá cómo a los treinta minutos de administrársele L-DOPA cambia su situación por completo. El cambio es de tal magnitud que si nos lo encontrásemos por la calle no sabríamos que sufre esta enfermedad tan tremendamente debilitante.

Sin embargo, a pesar de estos resultados iniciales tan esperanzadores, la L-DOPA no representa una solución real frente al párkinson. El primer problema de esta sustancia está en que su uso continuado diluye progresivamente su eficacia. Esto se debe en parte a que la L-DOPA no consigue detener el proceso neurodegenerativo del cerebro, únicamente trata los síntomas de la enfermedad y no sus causas. Por tanto, aunque se tome L-DOPA a diario, las neuronas siguen muriendo y los síntomas del paciente acaban por agravarse tarde o temprano. Esto implica que haya que aumentar continuamente la dosis administrada del fármaco para lograr sus efectos.

Otro de los problemas de la L-DOPA se refiere a un aumento significativo de efectos secundarios sobre la función motora a medida que aumentan las dosis administradas del fármaco. De alguna forma, se produce un efecto espejo con respecto a los síntomas típicos de la enfermedad de Parkinson. El paciente experimenta movimientos involuntarios como contracciones musculares prolongadas y repetitivas, además de torsiones prolongadas de manos, pies y otras partes del cuerpo, entre otros efectos. En conjunto se conoce a estos efectos secundarios como «discinesia inducida por la levodopa».

En un principio, los investigadores creyeron que estas discinesias se debían a que la L-DOPA era demasiado eficaz y se producía un exceso de dopamina en el cerebro, al tratarse de efectos diametralmente opuestos a los del párkinson. Las investigaciones más recientes apuntan, sin embargo, a otras causas. Algunos estudios, por ejemplo, han detectado que las discinesias inducidas por L-DOPA pueden producirse incluso cuando los niveles de dopamina en el paciente no son demasiado altos.[11]

Independientemente de las causas, el valor terapéutico de la L-DOPA se ve ciertamente limitado por sus rendimientos decrecientes (la duración del proceso varía de un paciente a otro) y por los efectos secundarios. Se cuenta con otras opciones farmacológicas, así como con la posibilidad de someter al paciente a cirugía invasiva (similar a la estimulación cerebral profunda de la que hablamos en el capítulo 5), pero ninguna de estas alternativas es capaz de detener el avance inexorable de la enfermedad y de su causa última: las neuronas dopaminérgicas se siguen muriendo. Por tanto, como vimos en el caso de la enfermedad de Alzheimer, solamente contamos con la posibilidad de tratar los síntomas sin disponerse de opciones que actúen directamente sobre las causas del párkinson.

A diferencia de lo que ocurre con la enfermedad de Alzheimer, en el caso de la enfermedad de Parkinson sí contamos al menos con una opción muy eficaz para gestionar los síntomas de la enfermedad en el corto plazo. Los avances en investigación clínica han permitido la aparición de nuevas terapias en las últimas décadas y, aunque sigue quedando mucho por aprender sobre los mecanismos que se esconden detrás de esta enfermedad, lo cierto es que se han producido grandes avances durante los últimos sesenta años y ello permite a los pacientes disfrutar de una calidad de vida relativamente mejor.

SIETE

Visión

La transición del colegio al instituto puede generar algunos temores en casi cualquier niño. En el caso de Steve, este cambio alcanzó el grado de sobrecogedor. La interacción social se le hacía complicada. Cuando un profesor le saludaba por el pasillo, parecía incómodo y confuso. Al pasar junto a sus compañeros de clase, bajaba la cabeza y actuaba como si no los conociera de antes.

Sus compañeros comenzaron a pensar que era raro y le evitaban, con lo que Steve acabó convirtiéndose en un chaval solitario y deprimido. Surgieron en él pensamientos suicidas y acabó ingresando en una institución psiquiátrica.[1]

El caso de Steve puede parecer similar al de cualquier otro chico al que le cuesta adaptarse a las estructuras jerárquicas del instituto, pero lo cierto es que sus problemas tenían una explicación que iba más allá de la timidez o la baja autoestima. Realmente no era la timidez lo que le impedía decir «hola» al cruzarse con un compañero o con un profesor por los pasillos. Su problema residía en su incapacidad para reconocerlos. Steve sufre un trastorno neurológico que le impide reconocer las caras de las personas. No es capaz de distinguir ni a dos miembros de su familia, numerosa por otra parte, y mucho menos logra diferenciar a un compañero de clase de otro.

Sorprendentemente, Steve había logrado apañárselas bastante bien en el colegio. Solo tenía una profesora, a la que reconocía fundamentalmente por su voz y sus formas, o sencillamente porque ser la única mujer presente en el aula.

Compartía desde hacía años clase con el mismo grupo de niños y era capaz de identificarlos a todos ellos siguiendo el mismo sistema que utilizaba con la profesora: se centraba en sus peculiaridades y no en las características faciales de cada uno.

Pero en el instituto se encontró de sopetón con la necesidad de distinguir entre seis profesores distintos cada día, mientras que compartía curso con otros 170 estudiantes. Le resultaba imposible ver a un compañero en clase y reconocerlo después en el pasillo. Por eso no saludaba a nadie y por eso lo etiquetaron como «rarito».

El trastorno de Steve se denomina «prosopagnosia», término que proviene del griego y significa «desconocimiento de la cara». Las personas que sufren este problema ven caras y, cuando lo hacen, su cerebro sabe que están viendo una cara. Distinguen los rasgos básicos de una cara, como son los ojos, la nariz, etc. Sin embargo, ninguno de estos rasgos les resultan distintivos y todas las caras les parecen tan similares como nos pueden parecer a los demás los codos de distintas personas.

Al igual que Steve hacía en el colegio, estas personas suelen desarrollar mecanismos alternativos para reconocer a la gente. Pueden, por ejemplo, centrarse en el timbre de voz, en la forma de andar o en el peinado. Incluso para alguien que nace con prosopagnosia –también se puede sufrir este trastorno después de una lesión cerebral– la adquisición de estas habilidades requiere mucho tiempo. A la edad que tenía Steve, pueden no haber logrado perfeccionar esos métodos alternativos. En cualquier caso, la inserción de una persona con prosopagnosia en un entorno nuevo con muchas caras desconocidas puede generarle a esa persona niveles muy elevados de estrés.

No se sabe cuántas personas sufren prosopagnosia. A pesar de que se habla de un trastorno similar desde el siglo XIX, el término prosopagnosia se inventó a mediados del siglo XX y las investigaciones científicas sobre esta afección no comenzaron verdaderamente hasta la década de 1970. Como suele ocurrir con los métodos de diagnóstico recientes, se sigue debatiendo sobre la forma más conveniente de diagnosticar este trastorno. En algunos estudios se habla de que una de cada cincuenta personas pueden llegar a sufrir prosopagnosia,[2] mientras que otros estudios consideran esa estimación excesiva.[3]

A pesar de que queda mucho por descubrir sobre los aspectos básicos de la prosopagnosia, este trastorno ha resultado especialmente útil para avanzar en la comprensión del funcionamiento de la visión. Este tipo de trastornos nos hace conscientes de la participación de numerosos subsistemas en el procesamiento visual, siendo el concurso de todos ellos fundamental para lograr crear la percepción visual de la que disfrutamos cada día. Si falla uno solo de los engranajes del sistema, nuestra visión se verá afectada y nuestra vida puede verse trastocada por completo.

Abre los ojos

Cualquier discusión sobre el funcionamiento de la visión tiene que comenzar por los ojos y debe centrarse fundamentalmente en la estructura neuronal situada al fondo del ojo y que se conoce como «retina». Es en ella donde realmente se produce la percepción visual. Hablaremos más sobre esto, pero antes vamos a analizar las partes más externas del ojo. Todas ellas trabajan con un mismo objetivo: centrar la luz en la retina.

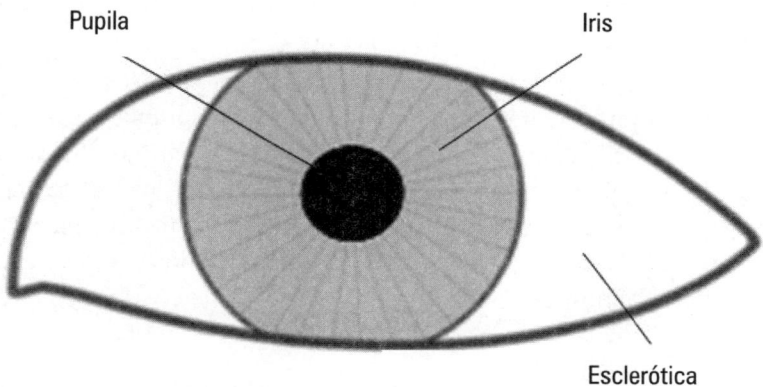

Cuando la luz penetra en el ojo, viaja a través de un orificio que se llama «pupila». El tamaño de la pupila –y con ello la cantidad de luz que penetra en el ojo– se regula a través de la contracción y relajación de una estructura muscular que se denomina «iris». El iris rodea la pupila y es la parte pigmentada del ojo, es decir, la que determina el color de nuestros ojos.

La pupila y el iris son las dos partes más reconocibles de los ojos humanos. Conforman el centro de atención de esa especie de obsesión humana por los ojos. De hecho, los ojos han ocupado desde la antigüedad un lugar especial en muy diversas culturas. Es posible que haya una explicación anatómica, puesto que nuestros ojos parecen estar especialmente diseñados destacar. En primer lugar, son bastante grandes en relación con el tamaño del cuerpo si los comparamos con los de otros animales, por lo que tienen una mayor probabilidad de llamar la atención. Además, en la mayoría de los animales –incluidos los primates como los chimpancés y los monos–, la parte blanca que rodea el iris, denominada «esclerótica», no resulta visible. Este fondo blanco destaca y potencia el color del iris, pudiendo esto explicar el especial atractivo de los ojos humanos.

Algunos investigadores plantean que la notoriedad relativa de nuestros ojos y el interés que demostramos por ellos son una consecuencia evolutiva de nuestra propensión al aprendizaje y a la cooperación, habilidades que dependen de ver lo que los demás miran.[4] Saber hacia dónde mira otra persona nos ayuda a centrar nuestra mirada en ese objetivo, y este tipo de pistas pueden haber sido fundamentales para los humanos antes del desarrollo del lenguaje.

Sin embargo, la principal función fisiológica de los bonitos iris de nuestros ojos es la de controlar el tamaño de la pupila y, con ello, la cantidad de luz que atraviesa dicho orificio. El cristalino, situado justo detrás de la pupila, enfoca esa luz hacia el fondo del ojo. El trabajo de enfoque del que se encarga el cristalino garantiza que una buena parte de la luz recibida incida sobre la parte de la retina que dota a nuestra visión de una perfecta nitidez.

Una capa de células con poderes extraordinarios

Pensemos por un momento en el trabajo que tiene que hacer el cerebro para lograr que veamos. En primer lugar, debemos ser capaces de gestionar cantidades ingentes de información. Un estudio sugiere que la retina envía 10 millones de bits por segundo de información al cerebro, lo que equivale a la información que se transmite a través de un cable ethernet.[5] Pero, para que el cerebro pueda trabajar con estos datos, primero tiene que transformar los fotones (las partículas fundamentales de la luz) en señales comprensibles, es decir, en potenciales de acción y neurotransmisores.

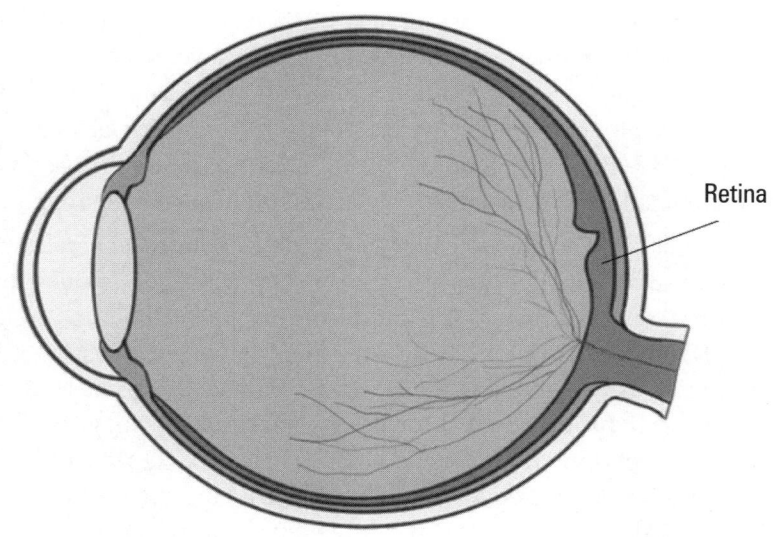

Retina

Esas señales químicas y eléctricas activarán entonces diferentes zonas del cerebro para crear una escena visual comprensible. Todos estos procesos ocurren a tal velocidad que nuestra percepción visual aparenta ser algo automático.

La construcción de una escena visual es compleja y en el proceso intervienen diferentes áreas cerebrales (volveremos a ello al final del capítulo). La transformación de los fotones en señales comprensibles para el cerebro se produce en la retina. Consiste en un logro impresionante si tenemos en cuenta que solo se trata de una delgadísima capa de células (su grosor es el de una cuchilla de afeitar) situada al fondo del ojo. La retina cuenta con un grupo de neuronas, los «fotorreceptores», que se encargan de lo fundamental de este proceso.

Estas células fotorreceptoras tienen una característica única que las diferencia de las demás neuronas: pueden detectar luz. Contienen una molécula llamada «retinal» que absorbe luz y cambia de forma cuando un fotón choca contra ella. Este cambio de forma desencadena una serie de procesos bioquímicos en la célula que hacen que la señal con información visual viaje de un fotorreceptor a otro a través de la retina (esta señal acabará por llegar al cerebro).

Como se enseña en las clases de biología de secundaria, existen dos tipos de fotorreceptores: conos y bastones. Los conos son los responsables de la visión en color, mientras que con los bastones vemos en blanco y negro. Los bastones solo son útiles cuando hay poca luz y si hay luna llena, por ejemplo, el nivel de luz les obliga ya a trabajar al máximo de su capacidad. Por encima de ese nivel de luminosidad, los bastones simplemente no logran reaccionar y no envían información alguna.

Los conos, por su parte, son capaces de adaptarse a niveles de luminosidad más altos y sí envían información sobre los fotones que absorben en esas situaciones. Por tanto, con luz diurna solo los conos envían información visual. Además, el retinal de los conos está unido a diferentes tipos de proteínas pigmentarias llamadas «opsinas». Estas moléculas hacen que el retinal absorba solo determinadas longitudes de onda de la luz, permitiendo con ello la visión en color (el retinal de los bastones también está unido a opsinas, pero solo de un tipo y no permite el envío de señales relacionadas con cambios en el color).

Poseemos tres tipos de conos diferentes, cada uno de ellos sensible a una distinta longitud de onda de la luz: corta, media o larga. Estas longitudes de onda se corresponden aproximadamente con la luz de los colores azul, verde y rojo, respectivamente. La mayor o menor activación de los conos de cada uno de estos tipos es la que permite a otros elementos del sistema visual ayudarnos a distinguir los colores.

Daltonismo: mitos y realidades

La actividad de los conos en la percepción de los colores también explica un defecto visual bastante conocido: el daltonismo. El daltonismo es relativamente frecuente en los hombres (alrededor del 8 por ciento lo padecen en algún grado), pero muy raro en las mujeres (solo un 0,5 por ciento lo sufren).[6] La explicación de esta disparidad sexual está en que la mayor parte de los casos de daltonismo se explican por anormalidades en los conos sensibles a la luz roja o verde, y los genes que codifican los pigmentos que hacen a los conos sensibles a las longitudes de onda de esos tipos de luz se encuentran en el cromosoma X.

Volvamos a la clase de biología en el instituto. Recordemos que los hombres solo tienen un cromosoma X, mientras que las mujeres tienen dos. Al tener duplicado el cromosoma X, una mutación perjudicial en uno de los cromosomas suele verse contrarrestada por la actuación del gen sano en el otro cromosoma X. En el caso de los hombres, si el cromosoma X presenta esa mutación, es mucho más probable que el defecto se exprese y manifieste, produciendo algún grado de daltonismo.

Es muy raro, sin embargo, ser daltónico total (acromatopsia). Lo cierto es que el daltonismo es una deficiencia en la percepción de los colores y, en la mayoría de los casos, afecta solo a algunos colores. La forma de daltonismo más habitual es el daltonismo de rojo-verde, que se produce cuando anormalidades en los conos sensibles a la luz verde provoca problemas a la hora de discriminar tonalidades de verde. Estas personas ven el amarillo y el verde con un tono más rojizo. En cualquier caso, este problema no supone un trastorno grave para quien lo sufre.

El daltonismo total es poco habitual, incluso en el resto del reino animal. Existen, sin embargo, ciertas especies –mapaches, monos de noche y varias especies de mamíferos marinos– que solo poseen un tipo de cono y, en consecuencia, su visión en color es muy limitada. ¿Y qué pasa con los perros? Se piensa erróneamente que los perros solo ven en blanco y negro. Los perros, como otros muchos mamíferos, poseen dos tipos de conos y no tres como tenemos los humanos. Los estudios sugieren que su visión del color es similar a la de una persona con daltonismo de rojo-verde.[7]

¿SON BUENAS LAS ZANAHORIAS PARA LA VISTA?

Puede que hayas escuchado decir que comer zanahorias es bueno para la vista, normalmente de boca de nuestros padres cuando trataban de convencernos siendo niños para que nos comiéramos toda la verdura. Las zanahorias son ricas en beta-caroteno, una sustancia que el organismo utiliza para fabricar vitamina A. La vitamina A es determinante para la salud visual. Una deficiencia de vitamina A puede producir ceguera, aunque es poco probable que comer zanahorias afecte a nuestra visión, salvo si se sufre previamente de un déficit de vitamina A. En este caso, es mucho más sencillo y eficaz tomar un suplemento de vitamina A, en lugar de comernos kilos y kilos de zanahorias. Así que, aunque la idea tiene un trasfondo de verdad, en su conjunto no deja de ser un mito. Las zanahorias son buenas para la salud, pero comerlas no nos permitirá tirar a la basura nuestras gafas de lectura.

La retina y su variado paisaje

Con niveles de luz normales (luz diurna), los conos nos permiten diferenciar los colores y contribuyen además a la nitidez visual. De hecho, cuando queremos ver algo con claridad, nuestro instinto nos lleva a mover los ojos de forma que la luz del objeto incida sobre una zona específica de la retina denominada «fóvea» que es donde se concentra la mayor densidad de conos.

La fóvea se sitúa en la zona central de la retina y está repleta de conos. De hecho, el centro de la fóvea ni siquiera presenta bastones. Por todo ello, cuando el nivel de luz es normal veremos las cosas con mayor nitidez de frente que de lado.

Existe otra zona de la retina que no presenta ni conos ni bastones. Cuando los fotorreceptores generan la señal correspondiente a una información visual y está lista para su envío al cerebro, esta señal va transmitiéndose a través de unas células denominadas «células ganglionares de la retina» (CGR). Estas células son las encargadas de extraer la señal del ojo para llevarla hacia el cerebro, por lo que sus axones salen del ojo formando un manojo en el punto conocido como «disco óptico». La salida de ese manojo de axones del ojo obliga a la existencia de una apertura en la retina que permita atravesarla y este punto no contiene ningún tipo de fotorreceptores, ni conos ni bastones.

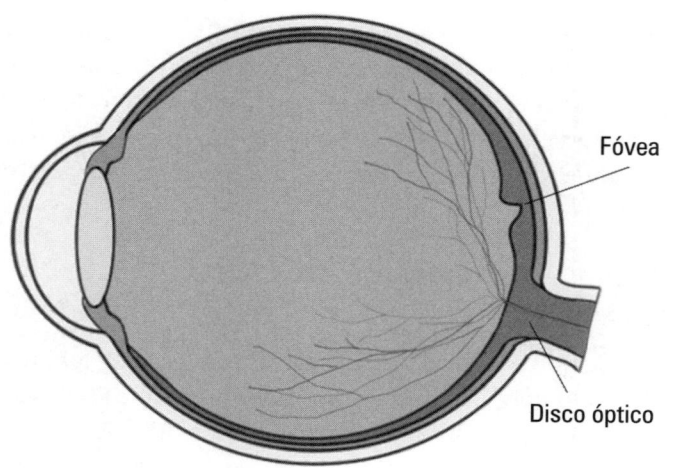

Fóvea

Disco óptico

La presencia del disco óptico crea un punto ciego en nuestro campo visual. Los humanos nos manejamos por el mundo cada día sin recibir información visual en una pequeña región (unos 1,5 mm) de cada ojo. Nunca nos damos cuenta porque el cerebro es extraordinariamente hábil y aplica la información del otro ojo para rellenar ese vacío en el primero. En otras palabras, el punto ciego implica que no recibamos algunos datos visuales en el ojo izquierdo, por ejemplo. Sin embargo, el ojo derecho recopila esa información –y viceversa– y el cerebro la usa para rellenar la escena visual, de forma que ni siquiera percibimos el habernos perdido algo.

¿Difícil de creer? Prueba a realizar este pequeño experimento con el punto ciego. Cierra o cubre tu ojo derecho con la mano. Mira al número nueve de la parte baja de la página. Tu visión periférica debería permitirte ver también la cara sonriente.

Ahora mueve lentamente el ojo izquierdo hacia la derecha recorriendo los números con la vista hasta llegar al uno. En algún momento verás cómo desaparece la cara sonriente (el momento exacto dependerá de lo alejados que tus ojos estén de la página que lees).

     9 8 7 6 5 4 3 2 1

Cuando la cara desaparece, su información visual estará incidiendo directamente sobre el punto ciego de nuestro ojo izquierdo. Si realizas este ejercicio con los dos ojos abiertos, nunca dejarás de ver la cara sonriente. Y así es como funciona nuestra vista en circunstancias normales. Nuestro cerebro compensa el punto ciego de un ojo con la información visual del otro ojo consiguiendo así que nuestro campo visual parezca perfecto.

Al salir del ojo

Después de que ese haz de axones de las células ganglionares salgan del ojo, forman lo que se conoce como «nervio óptico». El nervio óptico se encarga de transmitir toda la información visual hasta el cerebro. Cada nervio óptico solo recorre una corta distancia en solitario por debajo del cerebro hasta encontrarse con el nervio óptico del otro ojo. Este cruce se denomina «quiasma óptico». Aquí las fibras nerviosas se cruzan y vuelven a formar dos haces nerviosos, cada uno de los cuales traslada información de un ojo al cerebro. El resultado de este entrecruzamiento es que la información del campo visual derecho es fundamentalmente procesada por el hemisferio izquierdo, y viceversa.

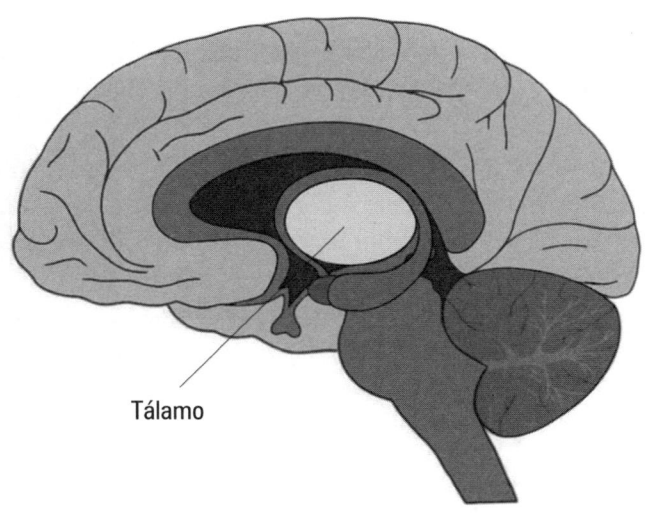

Tálamo

La siguiente parada para las señales visuales se sitúa en una estructura a la que ya nos hemos referido brevemente: el tálamo. No nos sorprenderá, a estas alturas del libro, saber que en realidad hay dos tálamos, tal y como hemos visto en muchas otras estructuras cerebrales. Están situados el uno junto al otro en la zona central del cerebro, cerca de la parte superior del tronco cerebral.

Al igual que ocurre con otras regiones cerebrales, el tálamo también se constituye de un gran número de pequeños núcleos (hasta cincuenta), realizando cada uno de ellos funciones potencialmente distintas. Por tanto, incluso hablar de tálamo como estructura unificada es en cierto modo erróneo.

El tálamo se describe a menudo como «guardián» o «repetidor», ya que la mayoría de las neuronas que viajan hasta la corteza se detienen primero aquí. De hecho, casi toda la información sensorial que llega a la corteza –con la excepción de la olfativa– hace parada primero en un núcleo específico del tálamo antes de ser reenviada a la parte de la corteza encargada específicamente de su procesamiento.

Esta explicación peca de nuevo de una simplificación excesiva de la labor del tálamo. No se trata de un simple repetidor que traslada la información al siguiente nivel de la cadena. En el proceso realiza un análisis de dicha información y la modifica en los núcleos, y se cree que es fundamental en la realización de otras funciones críticas, como la memoria, las emociones o la percepción sensorial.

La vista en la corteza cerebral

A mediados del siglo XIX ya se sabía de la importancia del tálamo en el proceso visual. En aquellos momentos, los neurocientíficos comenzaban a darse cuenta de que la corteza cerebral podía igualmente ser clave en dicho proceso.

Los primeros indicios de la participación de la corteza cerebral en la visión se encuentran en los escritos del eminente fisiólogo Herman Boerhaave, que vivió a finales del siglo XVII y principios del siglo XVIII. Boerhaave describió el caso de un mendigo que, por razones desconocidas, había perdido la parte superior del cráneo, es decir, la bóveda craneal.

Viendo que su situación podía atraer al público y hacerlo más propenso a darle un donativo, utilizaba ese trozo de su cráneo para recoger las limosnas.

Según Boerhaave, el mendigo también permitía a los viandantes tocar su cerebro si le daban una moneda y, aunque parezca mentira, había gente que lo hacía.

Boerhaave describió los efectos que el mendigo decía experimentar cuando alguien presionaba su corteza cerebral con los dedos. Lo primero que veía eran miles de destellos de luz en sus ojos, como cuando vemos chiribitas al levantarnos de una silla demasiado deprisa o si nos damos un golpe en la cabeza. Si la persona aumentaba la presión sobre la corteza, los destellos desaparecían y pasaba a no ver nada en absoluto. Si apretaban más aún –algunos eran tan sádicos como para hacerlo– conseguían que el mendigo perdiera la consciencia, recuperándose del desmayo en cuanto el amable viandante dejaba de ejercer presión sobre el cerebro.[8]

Se trata de una historia alucinante –aunque algo desagradable– y lo es por distintas razones. Lo que realmente intrigaba a los neurocientíficos de la época era la ceguera. Si al presionar sobre la corteza cerebral expuesta se produce ceguera, esto puede implicar que una parte de esa corteza se encargue del procesamiento visual.

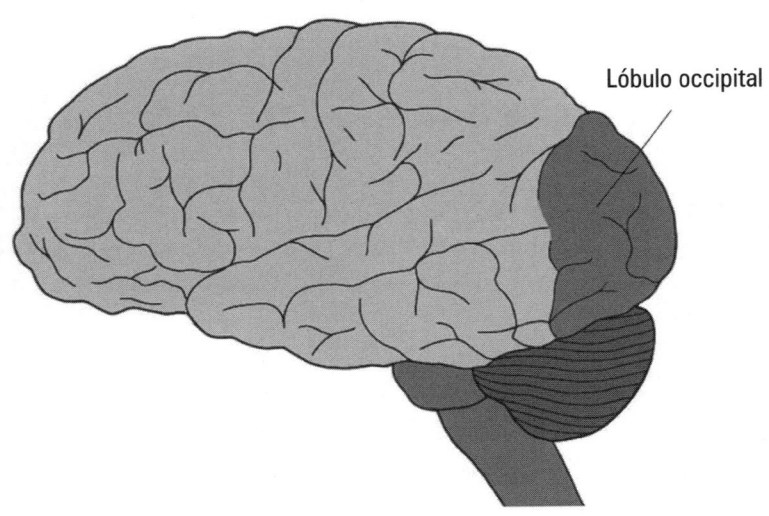

Lóbulo occipital

Algunas de las primeras evidencias fiables que apoyaron esta hipótesis se corresponden con los trabajos de un fisiólogo alemán llamado Hermann Munk (debe precisarse que el anatomista italiano Bartolomeo Panizza hizo observaciones similares varias décadas antes, aunque sus trabajos no se tuvieron en cuenta). Entre 1870 y 1890, Munk realizó una serie de experimentos basados en la producción de lesiones en el lóbulo occipital de perros. Cuando la lesión se limitaba a una zona pequeña, los perros mostraban una extraña incapacidad para reconocer cosas o personas. A pesar de que veían, parecían incapaces de recuperar recuerdos vinculados a las cosas o personas que debían resultarles familiares. Por ejemplo, no reaccionaban ante la entrada de su dueño en una habitación o ignoraban la presencia de comida dentro de su campo visual, incluso cuando tenían hambre.

Dado que los perros parecían ver bien, pero mostraban sin embargo una especie de ceguera a la importancia de las cosas que veían en su entorno, Munk decidió llamar a este trastorno «ceguera mental». La ocurrencia de esta ceguera mental cuando la corteza occipital resultaba dañada sugería la posibilidad de que esta región cerebral interviniera en los procesos de reconocimiento visual. Sin embargo, cuando Munk extirpó un trozo más grande del lóbulo occipital se produjo algo que confirmaría la importancia de esta región en relación con la visión: el perro quedó completamente ciego.[9]

Los trabajos de Munk parecen confirmar que algunas áreas del lóbulo occipital son esenciales para poder ver con normalidad. Investigaciones posteriores confirmarían sus hallazgos y hoy en día se acepta la idea de que, una vez el tálamo recibe la información visual desde el ojo, transmite dicha información a una zona específica del lóbulo occipital llamada «corteza visual primaria».

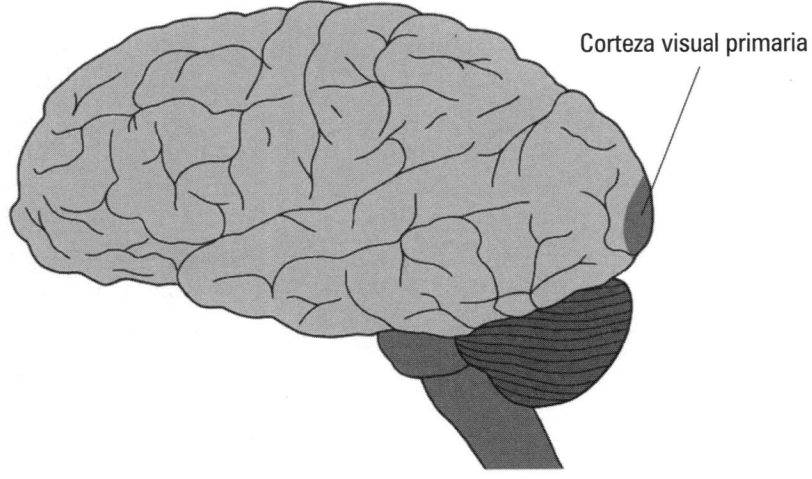

Corteza visual primaria

Cada sistema sensorial tiene en el cerebro lo que se denomina una zona primaria, lo que únicamente implica que esa zona se encarga inicialmente de la mayor parte del procesamiento de la información sensorial recibida. Las neuronas repartidas por toda la corteza visual primaria se encargan de procesar diferentes aspectos relacionados con la visión, como puede ser la orientación espacial, el color, el movimiento o la profundidad. La corteza visual primaria es, en consecuencia, un elemento clave del sistema visual y, en caso de resultar dañada en un humano, este quedaría ciego al igual que ocurría con los perros de Munk.

Y, sin embargo, la corteza visual primaria no es la única estructura cerebral que nos permite ver. Existen otras áreas visuales –algunas cerca de la corteza visual primaria y otras repartidas por el resto de la corteza cerebral– que realizan funciones específicas que contribuyen al procesamiento de los detalles de una escena visual. La corteza visual primaria recurre a estas otras zonas cuando necesita dar coherencia a la información visual que recibe nuestro cerebro.

La extraordinaria precisión de la percepción visual

Cada una de las áreas visuales del cerebro logran en ocasiones realizar aportaciones impresionantemente específicas al proceso de percepción visual. Tomemos, por ejemplo, el caso de una paciente conocida en la literatura científica como L. M. En 1978, L. M. tenía cuarenta y tres años e ingresó en el hospital con fuertes dolores de cabeza, vértigos, náuseas y vómitos. Tras examinar a la paciente, se descubrió que tenía un coágulo en el cerebro. La acumulación de sangre había dañado el tejido cerebral situado alrededor del coágulo.

A pesar de la lesión cerebral que sufrió, la capacidad cognitiva de L. M. permaneció prácticamente inalterada. Podía leer y escribir, además de realizar cálculos. Su memoria parecía intacta, excepto por cierta dificultad a la hora de recordar el nombre de las cosas (la afasia anómica de la que hablamos en el capítulo 4). Sin embargo, L. M. sí se quejaba de un cambio drástico e inquietante en su percepción visual: no veía el movimiento.[10]

Cuesta imaginarse algo así. Cuando L. M. trataba de servirse una taza de té, veía cómo el líquido se congelaba literalmente en su caída. Le costaba saber cuándo debía parar de servir té, puesto que no veía cómo se acumulaba en la taza. Cuando se encontraba en una sala con más personas, le desconcertaba ver que una persona cambiaba de lugar sin que ella viera el desplazamiento del cuerpo de esa persona. Si alguien hablaba con L. M., a esta le parecía que la boca pasaba de abierta a cerrada y viceversa a trompicones, no de manera natural, lo que dificultaba todo el proceso de comunicación.

L. M. es uno de los casos mejor conocidos de un trastorno muy raro denominado «acinetopsia». Desde el caso de L. M. se han detectado varios casos más de este trastorno y los investigadores creen que podría deberse a una lesión en una región denominada «área visual temporal medial».[11] En consecuencia, parte del tejido cerebral de esta zona se dedicaría al procesamiento de la información visual relacionada con el movimiento.

Otra zona que también se cree realiza una aportación muy específica al procesamiento visual es un área del lóbulo temporal denominada «giro fusiforme de las caras». Los investigadores proponen que esta zona es clave en el reconocimiento de las caras. Una lesión o daño en esta zona se relaciona con el déficit perceptivo facial ya descrito en este capítulo: la prosopagnosia. No está claro si el giro fusiforme se encarga únicamente de la percepción de las caras o si procesa cualquier objeto con el que estemos especialmente familiarizados. Se ha dado el caso de un observador de aves que, después de sufrir una lesión en el giro fusiforme, dejó repentinamente de ser capaz reconocer las distintas especies de pájaros.[12] En cualquier caso, se trata de otra prueba de que las escenas que vemos se construyen a partir de las aportaciones de diferentes zonas de la corteza. Solo la aportación conjunta de todas ellas nos permite obtener una imagen inteligible del mundo que nos rodea.

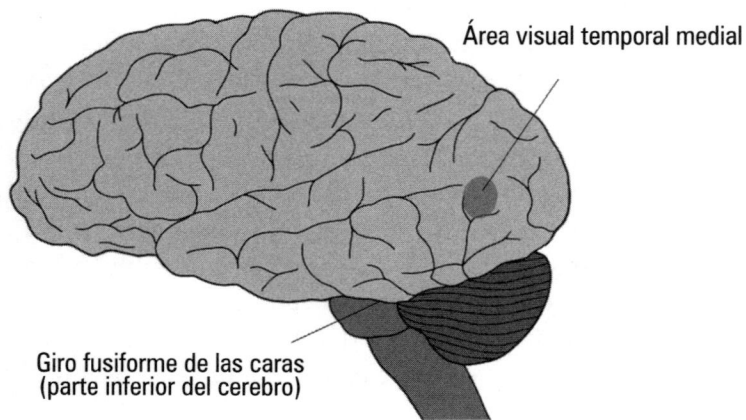

Área visual temporal medial

Giro fusiforme de las caras
(parte inferior del cerebro)

La visión es una reconstrucción imperfecta de la realidad

Las imágenes que nuestro cerebro crea a partir de las contribuciones de la corteza visual, y todas estas otras regiones del cerebro a las que nos hemos referido, siguen sin ser una réplica exacta de nuestro entorno. Se trata, en realidad, de una reconstrucción por piezas conseguida a base de atajos.

El objetivo que el cerebro persigue con la visión es la de lograr representar el mundo que nos rodea con la mayor rapidez posible y sin tener que derrochar potencia de procesamiento. Sin embargo, cuando la información se recoge con mucha rapidez, a veces hay que sacrificar un cierto grado de precisión. Pueden producirse algunas lagunas en la información visual que el cerebro recibe sobre nuestro entorno. Por ejemplo, aunque parezca que los ojos se mueven suave y uniformemente cubriendo el campo visual, en realidad ese movimiento se compone de constantes ajustes hacia delante y hacia atrás, a razón de cuatro veces por segundo. Son los «movimientos sacádicos» e imprimen mayor rapidez al proceso de recogida de información. Trasladan el punto de enfoque de la visión de un área a otra, garantizando siempre que la luz de los elementos clave de la escena llegue a la fóvea del ojo.

Los movimientos sacádicos hacen que nos perdamos algunos rasgos del entorno que nos rodea, pero solo serán aquellos en los que nuestra mirada no se fije directamente. El cerebro, por su parte, hará en paralelo un arduo trabajo destinado a evitar que nada de lo que miremos deje de ser registrado visualmente. Utiliza cualquier información que considere útil o estimaciones visuales para rellenar posibles lagunas en la percepción, consiguiendo así que la imagen visual final nos parezca completa y continua.

Hay veces que el cerebro trata de acelerar su análisis del entorno recurriendo a experiencias pasadas. Pongamos como ejemplo la imagen que se muestra en la página siguiente. El cerebro usa un atajo a la hora de procesar este tipo de imagen. La experiencia nos ha enseñado que un objeto rodeado por otros objetos más grandes suele ser más pequeño que un objeto rodeado por otros objetos más pequeños. Por esta razón, prevé que el círculo central de la figura de la izquierda sea más grande que el circulo central de la figura de la derecha. Realmente son del mismo tamaño. El lector puede medirlo y comprobarlo por sí mismo. El cerebro recurre a estas predicciones porque suelen acertar, pero ilusiones ópticas como esta nos demuestran las carencias de este tipo de prácticas.

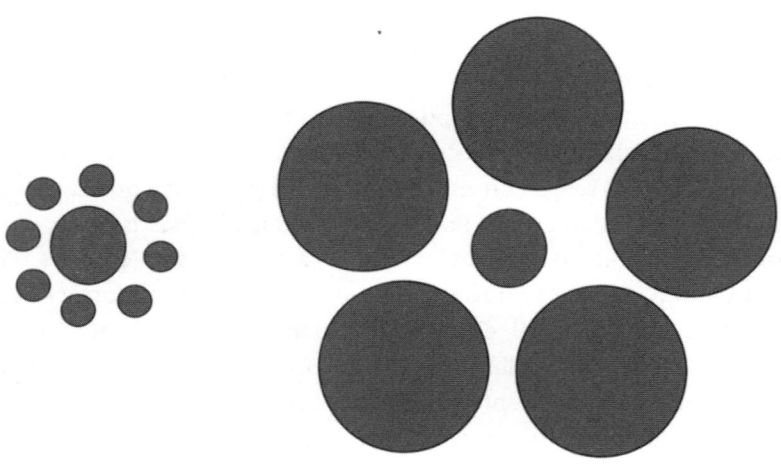

Es un hecho que la visión no nos ofrece una representación totalmente fidedigna del mundo que nos rodea, pero eso no impide maravillarse ante lo increíble de este proceso. Es extraordinario por su complejidad, y los humanos somos además excepcionalmente capaces desde el punto de vista visual si nos comparamos con otros animales. Muchos animales, desde las ratas a los pollos pasando por los koalas, serían declarados legalmente ciegos si se les aplicaran estándares humanos.[13]

Habida cuenta de la importancia crucial de la vista, resulta especialmente sorprendente saber que muchas personas son capaces de seguir viviendo con relativa normalidad a pesar de no ver.

¿NOS QUEDAREMOS CIEGOS SI VEMOS LA TELEVISIÓN DEMASIADO CERCA?

Cuando éramos niños, nuestros padres nos decían que no nos sentáramos demasiado cerca de la televisión, avisándonos de que podía dañar nuestra vista (o si los padres eran un poco más dramáticos, nos dirían que nos quedaríamos ciegos). Afortunadamente para aquellos de nosotros que no hicimos caso de nuestros padres, este temor es infundado. Ver la televisión durante mucho tiempo seguido puede producir cansancio en los ojos –un efecto que se acentúa si miramos a una pantalla desde muy cerca–, pero no hay evidencias que demuestren que ver la tele demasiado cerca dañe la vista.

Ceguera

A pesar de que solemos pensar en la ceguera como una condición con la que se nace, la mayoría de los casos de ceguera se producen en edad adulta. La causa más habitual de la ceguera en todo el mundo son las cataratas no tratadas adecuadamente, un trastorno que se produce por una acumulación de proteínas sobre el cristalino que impide el paso de la luz hacia la retina. No suele afectar a la visión hasta pasados los sesenta años. En los Estados Unidos, la principal causa de la ceguera es la diabetes, ya que esta enfermedad puede dañar los vasos sanguíneos que alimentan la retina y con ello las neuronas que se encuentran en ella. Existen, obviamente, muchas otras causas posibles de la ceguera, desde el glaucoma (una enfermedad que daña el nervio óptico) a haber sufrido un ictus.

La ceguera presenta un escenario complicado a cualquier persona, independientemente de la edad, pero resulta especialmente dura cuando aparece en edad adulta.[14] Los adultos dependemos de una manera extraordinaria de nuestra capacidad para ver. Al perderla –especialmente si esta pérdida es repentina y no gradual– el paciente tendrá enormes dificultades para aprender mecanismos alternativos de obtención de información sobre el mundo que le rodea. Obviamente, muchas personas consiguen sobrellevar la ceguera, incluso cuando aparece en edad adulta, pero les costará muchísimo más esfuerzo que a las personas que nacen con esta condición y se pasan toda una vida aprendiendo a adaptarse a ella.

Las estrategias de adaptación suelen basarse en un uso más intensivo de otros sentidos. Los ciegos suelen aprender a usar el tacto para recopilar información de su entorno, tanto recurriendo a un lenguaje basado en el tacto como es el braille, como simplemente usando sus manos para sentir las formas y texturas de un objeto, logrando así hacerse una idea de su posible aspecto. También pueden recurrir a un procesamiento más eficiente y eficaz del sonido para ampliar el reconocimiento del entorno. No nos equivoquemos: no es que en una persona ciega los demás sentidos se vuelvan de repente supersentidos. Un ciego no va a poder escuchar el aleteo de un colibrí en la ventana como ocurría en la película *Ray* (2004), basada en la vida del músico ciego Ray Charles. Este tipo de mejoras sensoriales no se producen en personas ciegas y es un mito asociado a este trastorno. Las personas ciegas sí son capaces, sin embargo, de exprimir sus capacidades auditivas y logran superar en esta faceta a sus homólogos capaces de ver con normalidad.

Por ejemplo, los humanos hablamos a una velocidad de cinco sílabas por segundo y nos costará entender a alguien si habla a unas diez sílabas por segundo. Los estudios demuestran que las personas nacidas ciegas son, sin embargo, mucho mejores que las personas que ven a la hora de entender un discurso muy rápido, llegando algunas a alcanzar las veintidós sílabas por segundo.[15] Aunque no se trate del superpoder auditivo que se suele atribuir a los ciegos, esta mejora perceptiva de la audición puede sin duda ayudar a una persona ciega a procesar información con mayor rapidez.

Unas habilidades muy particulares

Algunas de las habilidades de las personas ciegas pueden casi parecernos superpoderes. Así ocurrió en el caso de Ben Underwood. Cuando solo tenía dos años, a Ben le diagnosticaron un retinoblastoma –un tipo de cáncer de retina–, motivo por el que tuvieron que extirparle ambos ojos a los tres años para evitar que el cáncer se extendiera a otras partes de su cuerpo.

Ben se despertó de la operación consternado por su repentina incapacidad para ver. Se vio inmerso de golpe en una situación en la que debía buscar estrategias sustitutivas de percepción Su cerebro de bebé solamente acababa de aprender a moverse por el mundo, pero Ben se las apañó para seguir moviéndose gracias a un sistema inventado por él mismo.

Su familia se dio cuenta de que, poco después de quedarse ciego, Ben comenzó a emitir chasquidos mientras andaba por la casa. A su hermano le molestaba al principio oír esos chasquidos mientras Ben le seguía por todas partes y su madre no entendía por qué lo hacía.

Cuando empezó a ir a la guardería, pareció evidente que Ben utilizaba esos chasquidos para orientarse. Ben era capaz de andar por la calle sin problemas –sin bastón ni ayuda externa–, lo que ya de por sí es algo extraordinario, pero podía además distinguir un coche de una furgoneta sin ni siquiera tocarlos. Los testigos de estos logros quedaban totalmente impresionados.

Cuando su madre le preguntaba cómo lograba hacerlo, Ben decía que eran los chasquidos. Describía cada uno de esos chasquidos como si lanzara una nube de pelotas de goma en todas direcciones que, al rebotar contra algún objeto, volvían hacia él. Su retorno le permitía saber dónde estaban los objetos y si eran grandes o pequeños, todo ello gracias al sonido de esas «pelotas» al volver hacia él.[16]

Se trata de un mecanismo sobradamente conocido que se denomina «ecolocalización». Es el mismo sistema que utilizan los murciélagos para volar y cazar insectos por la noche. Emiten sonidos ultrasónicos que rebotan sobre la superficie de los objetos. El eco les ayuda a estimar la posición de un objeto e identificarlo. En contra de lo que generalmente se cree, los murciélagos no son ciegos –de hecho pueden ver bastante bien–, pero la ecolocalización es fundamental para ellos cuando no hay luz que les permita ver. Eso es precisamente lo que hacen cuando cazan o comen frutas por la noche.

Técnicamente, cualquier persona es capaz de utilizar la ecolocalización, pero los ejemplos más extraordinarios del recurso a este sistema se han observado en personas ciegas. Ben Underwood, que por desgracia murió en 2009 víctima de un cáncer, era un caso excepcional por su capacidad de usar la ecolocalización. Podía montar en bicicleta, jugar al baloncesto, andar con patines y hacer la mayoría de las cosas que cualquier niño hace, sin ningún tipo de ayuda.

Obviamente, Ben Underwood es un caso situado en el extremo positivo de entre las formas de sobrellevar un problema como es la pérdida de la visión. La mayoría de las personas que se quedan ciegas –o que lo son de nacimiento– no logran desarrollar un sentido alternativo al nivel de Ben. Y al igual que algunas personas son capaces de demostrar habilidades impresionantes como alternativa a la visión, otras tienen grandes dificultades para sobrellevar la ceguera. En estos casos, suele ser su propio cerebro el que no les ayuda demasiado.

Negar la evidencia

Un paciente de noventa años, al que llamaremos Tim, explicó al llegar a urgencias que estaba teniendo problemas últimamente para coger cosas, incluso las que tenía delante de sus narices.[17] También se había caído varias veces y su familia estaba preocupada por él.

Tras examinarle, los médicos concluyeron que tenía problemas de movilidad. Se mostraba alerta, coherente y respondía a órdenes verbales, pero algo parecía fallar en su visión.

Durante las entrevistas no fue capaz de mantener el contacto visual con los médicos. No parecía que el problema fuera mirar a su contraparte a la cara, simplemente no sabía dónde mirar. Tampoco parecía ser capaz de reconocer a sus familiares hasta el momento en el que hablaban. Sin embargo, él decía que veía bien. Los médicos no lo tenían nada claro y decidieron consultar con un neurólogo.

El neurólogo vio a Tim y, cuando le mostró un bolígrafo, este dijo que no veía nada. Pidió a Tim que describiera la habitación en la que estaban. Lo hizo, pero la descripción que proporcionó no tenía nada que ver con su entorno. Se lo estaba inventando sobre la marcha.

Pronto resultó obvio que Tim no veía nada en absoluto y los médicos concluyeron que su ceguera se debía a un ictus que había sufrido en algún momento. Sin embargo, no lograron convencer a Tim de que no veía hasta pasada una semana desde aquella visita del neurólogo. ¿Cómo puede alguien llegar a tal extremo de negación que le impida admitir que no ve nada?

Tim sufría un trastorno extraordinariamente raro conocido como «anosognosia visual», también denominado síndrome de Anton-Babinski. La palabra «anosognosia» se traduce del griego como «desconocimiento de la enfermedad» e implica que el paciente no sea consciente de que tiene un problema. No se sabe con precisión por qué se produce la anosognosia, pero se relaciona con algún tipo de lesión cerebral. Se vincula a diversas patologías, desde la enfermedad de Alzheimer a la parálisis muscular. En la anosognosia visual, los pacientes obviamente niegan sufrir ceguera a pesar de que todos los indicios apuntan a que no ven, como no ser capaces de reconocer a la persona que entra en una habitación, no poder leer un libro, o incluso chocar contra paredes y muebles al andar.

Como el lector podrá imaginar, si un paciente sufre anosognosia visual tendrá grandes dificultades para adaptarse a su discapacidad visual adquirida. No estará muy predispuesto a aprender nuevas estrategias adaptativas si ni siquiera acepta sufrir un problema. Afortunadamente, se trata de un trastorno extremadamente raro y solo se han documentado unos treinta casos desde la década de 1960.[18] Sin embargo, esos casos demuestran una incapacidad total para adaptarse a la pérdida del que generalmente se considera el sentido más importante en los humanos.

OCHO

Placer

El Sr. S era casi un sexagenario cuando tuvo que comenzar a tomar pramipexol, un fármaco que trata el denominado «síndrome de las piernas inquietas».[1] Los pacientes que padecen este síndrome (RLS, por sus siglas en inglés) experimentan sensaciones extrañas en sus piernas, pudiendo llegar a ser bastante incómodo. Las molestias van desde cosquillas a picores, pasando por palpitaciones, calambres u hormigueos. A menudo el paciente ve cómo sus síntomas empeoran cuando se tumba o está sentado, pero desaparecen con el movimiento. Por este motivo, el paciente tiende a mover las piernas continuamente. Dormir se convierte casi en una misión imposible, ya que cada vez que el paciente comienza a sentirse cómodo aparecen las molestias y se ve obligado a moverse. Por tanto, este trastorno suele afectar gravemente al sueño, además de generar estrés y conducir en ocasiones a la depresión.

Aunque no se conoce con exactitud el mecanismo que explica el RLS, se piensa que está relacionado con el neurotransmisor dopamina, ya que los fármacos que incrementan la actividad dopaminérgica consiguen en ocasiones aliviar sus síntomas. El pramipexol es uno de esos fármacos.

Cuando el Sr. S comenzó a tomar pramipexol, sus síntomas del RLS se redujeron sensiblemente. La mejoría se prolongó durante unos tres años, pero pasado ese tiempo las molestias comenzaron a reaparecer progresivamente. El médico decidió aumentar la dosis del tratamiento y entonces ocurrió algo verdaderamente extraño.

El Sr. S nunca había mostrado interés alguno por las apuestas o por el juego en general. Sin embargo, de la noche a la mañana, se obsesionó con jugar a la lotería. La mayoría de nosotros hemos sentido en algún momento esa emoción especial que produce el comprobar si un número de lotería tiene premio (a pesar de que casi nunca nos toca y, cuando toca, no solemos ganar más que el reintegro).

En cualquier caso, esa relativa excitación que todos experimentamos jugando a la lotería no desemboca en obsesión ni nos obliga a dedicar la mayor parte de nuestro tiempo y dinero a apostar.

Sin embargo, esto es precisamente lo que le ocurrió al Sr. S después del incremento de su dosis de pramipexol. A los seis meses se gastaba ya 700 dólares en lotería cada día. Cuando le tocó un premio relativamente importante, decidió aumentar su «inversión» hasta los 1100 dólares diarios.

El Sr. S tenía todas las papeletas para ser considerado un jugador compulsivo. Pensaba en la lotería todo el día y no podía evitar comprar más y más billetes a pesar de que se esforzaba por abandonar este hábito. Empezó a mentir a su mujer mientras sus ahorros no paraban de menguar, sin que ella lo supiera.

Cuando tocó fondo, el Sr. S se había gastado 120 000 dólares en lotería. Al creerse fuera de control y sin capacidad para dejar de gastar dinero en lotería, intentó suicidarse. Por suerte no lo consiguió e ingresó en una institución psiquiátrica. Uno de los médicos se percató de que el problema del Sr. S podía tener su origen en el pramipexol, por lo que interrumpió el tratamiento. A los pocos días desapareció la adicción al juego sufrida por el Sr. S.

¿Puede un medicamento modificar tan radicalmente el comportamiento de una persona y convertirlo en adicto al juego? Sorprenderá saber que el caso del Sr. S no es un caso aislado. Muchos otros pacientes han experimentado cambios drásticos en su comportamiento tras iniciar un tratamiento agonista de la dopamina. A algunos les da por el juego compulsivo, mientras que otros comen sin límite, pasando por casos de hipersexualización o de consumo de drogas.

Estos comportamientos compulsivos están relacionados con las fluctuaciones en los niveles de dopamina y se conoce como «síndrome de desregulación dopaminérgica» (DDS, por sus siglas en inglés). Se observa habitualmente en pacientes con la enfermedad de Parkinson, puesto que suelen tomar fármacos agonistas de la dopamina (como ya se explicó en el capítulo 6).

¿Por qué existe relación entre los niveles de dopamina y estos comportamientos impulsivos e incontrolados? Aunque no hay una respuesta clara, la explicación parece estar relacionada con la influencia de la dopamina sobre la forma que tenemos de experimentar aquellas cosas que el cerebro considera una recompensa.

Recuerdos imborrables

Recuerdo bien una comida en un restaurante de Nueva York hace veinte años. No tuvo nada de especial y el ambiente en el restaurante era de lo más normal. La compañía resultaba agradable, pero tampoco era como para tirar cohetes (perdóname, Amy). Eso sí, tenía mucha hambre y la comida estaba excepcionalmente rica. Recuerdo cada plato hasta el más mínimo detalle, desde la presentación hasta el sabor de la salsa Alfredo o la textura de los ñoquis.

Parece algo extraño que mi cerebro recuerde algo así y desde hace tanto tiempo. Al mismo tiempo, tiene sentido que el cerebro se interese en recordar los detalles de una comida especialmente apetitosa. Después de todo, es probable que solo pueda disfrutar de una comida así si soy capaz de recordar cada plato al detalle y recrear la experiencia, pidiendo ese mismo plato en otro restaurante, por ejemplo, o visitando de nuevo aquel restaurante de Nueva York. Este tipo de recuerdo pudo representar un mecanismo clave en la orientación de nuestros antepasados humanos, permitiéndoles encontrar aquellas cosas que maximizaban su placer y minimizaban su dolor.

Históricamente, los neurocientíficos pensaban que en este tipo de mecanismos intervienen las partes del cerebro dedicadas a generar sensaciones de placer. Según este punto de vista, estas regiones cerebrales se activarían para generar placer durante cualquier experiencia que resulte gratificante, desde la comida al sexo, pasando por las compras o el consumo de cocaína. Estas zonas del cerebro solían agruparse bajo el nombre colectivo de «centros del placer», pero en la actualidad los científicos prefieren denominarlas como «centros de recompensa» o «sistema de recompensa». Este cambio terminológico sirve para reflejar el hecho de que el procesamiento de experiencias positivas o que suponen una recompensa va más allá del puro placer. También implica procesos de aprendizaje y desarrollo de motivaciones que ayudan a repetir esas experiencias.

A la caza del sistema de recompensa

James Olds obtuvo su doctorado en psicología en la Universidad de Harvard en 1953. Nada más doctorarse se puso a buscar un laboratorio en el que poder trabajar para aprender todo lo necesario sobre las técnicas experimentales más importantes en el campo de la neurociencia. Durante el doctorado había comenzado a interesarse por la motivación desde el punto de vista neurocientífico, pero no conocía suficientemente bien los métodos experimentales necesarios para profundizar en el estudio de este campo. Aceptó un puesto temporal en la Universidad de McGill, en el laboratorio del afamado neurocientífico Donald Hebb. Allí le dieron carta blanca para trabajar en su área de interés. Contaba además con la ayuda de un estudiante llamado Peter Milner, que tenía bastante experiencia experimental.

A Olds le había sorprendido un estudio realizado en la Universidad de Yale en el que se demostraba que las ratas mostraban rechazo a la estimulación eléctrica de ciertas partes del cerebro. Es decir, no les gustaba la sensación y eran capaces de hacer cualquier cosa por evitarla. Olds quería saber si también podía ocurrir lo contrario. ¿Hay zonas en el cerebro de las ratas que, de ser sometidas a estimulación, les harían sentir placer o recompensa?

Para averiguarlo, Olds y Milner insertaron electrodos en el cerebro de una rata y la introdujeron en una caja cuyas cuatro esquinas estaban marcadas cada una con una letra: A, B, C o D. Cuando la rata pasaba por la esquina A, recibía un estímulo eléctrico en una zona específica del cerebro. En algunas zonas del cerebro, la estimulación no tenía efecto alguno sobre el comportamiento de la rata, pero Olds y Milner observaron que si el electrodo se colocaba sobre una región profunda de la zona central del cerebro, el animal volvía una y otra vez a la esquina A para recibir ese estímulo.

Siguieron investigando sobre esa región del cerebro y observaron que las ratas aprendían rápidamente a presionar una palanca con tal de recibir el estímulo eléctrico en dicha zona. No solo aprendían a hacerlo sino que lo realizaban de manera compulsiva. Incluso si se dejaba a una rata sin comer durante veinticuatro horas, prefería presionar la palanca antes que comer. De hecho, si no se restringía a la rata, podía llegar a presionar la palanca ¡hasta 5000 veces a la hora![2]

Olds sabía que habían descubierto algo importante. Por primera vez se había identificado una zona del cerebro que parecía ser un «centro del placer». Este hallazgo podría servir para entender en qué consiste la recompensa como experiencia, además de explicar una serie de estados de ánimo que van desde la felicidad hasta la adicción.

Se trataba de un descubrimiento revolucionario, pero desafortunadamente Olds y Milner no habían sido demasiado precisos a la hora de colocar sus electrodos. Los investigadores posteriores tuvieron que devanarse los sesos para redescubrir exactamente qué zona (o zonas) del cerebro eran las responsables de la reacción observada por Olds y Milner. Con el tiempo se descubriría que estas regiones se correspondían con aquellas que presentaban una gran densidad de neuronas dopaminérgicas.

La dopamina y la recompensa

Una de esas regiones en las que se concentran los neuronas dopaminérgicas se denomina «área tegmental ventral» (ATV) y se encuentra alojada en lo más profundo del mesencéfalo, dentro del tronco cerebral. El ATV es una pequeña sección de dicho mesencéfalo y solo es visible si se corta el tronco cerebral (incluso así resulta difícil de distinguir sin recurrir a técnicas experimentales adicionales).

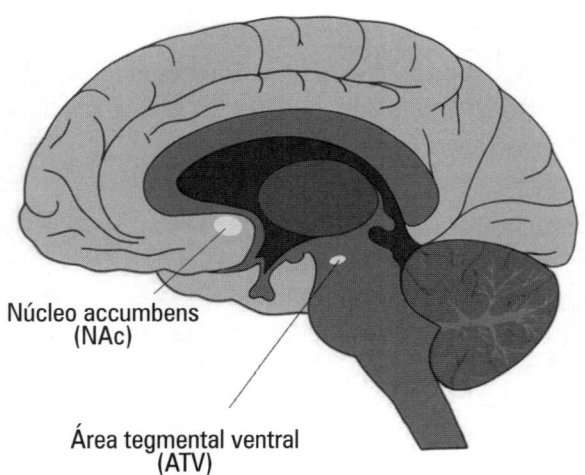

Núcleo accumbens
(NAc)

Área tegmental ventral
(ATV)

Partiendo de la base de que la estimulación del ATV parecía generar recompensa, y teniendo en cuenta que el ATV se compone de un gran número de neuronas dopaminérgicas, los investigadores comenzaron a analizar en profundidad el papel de la dopamina en el proceso de recompensa.

Recogieron muchas evidencias que confirmaban la relevancia de la dopamina en el proceso. Por ejemplo, en el laboratorio no suele costar demasiado convencer a ratas o primates para hacer algo, como presionar un botón, si a cambio reciben una dosis de cocaína. Sin embargo, si se les suministraba un fármaco que bloqueara la actividad de la dopamina, los animales perdían el interés por la cocaína y dejaban de presionar el botón para recibir su dosis.[3]

Además, muchas de las sustancias que generan adicción –como el alcohol, la nicotina, las anfetaminas, la cocaína o los opiáceos–, así como actividades que naturalmente generan una recompensa –como la comida, el agua o el sexo–, producen un aumento de los niveles de dopamina en una región del cerebro a la que ya nos hemos referido en el capítulo 5: el núcleo accumbens.[4] El descubrimiento de la relación entre el aumento en los niveles de dopamina del núcleo accumbens con la recompensa se corresponde con las conclusiones de investigaciones anteriores, puesto que un buen número de neuronas dopaminérgicas del ATV llegan directamente hasta el núcleo accumbens transportando dopamina. Son, por tanto, estas neuronas las responsables del aumento de los niveles de dopamina en el núcleo accumbens que se observa en experiencias que generan una recompensa.

Estos hallazgos condujeron a la definición moderna del «sistema de recompensa». Normalmente se incluyen en este sistema a las neuronas del ATV que llegan hasta varias estructuras del cerebro, siendo la principal vía de la recompensa la que une el ATV con el núcleo accumbens.

A pesar de que la identificación de esta vía representa un gran paso hacia la comprensión del funcionamiento de los sistemas de recompensa y placer en el cerebro, seguía persistiendo una incógnita. ¿Qué significa exactamente que los niveles de dopamina aumenten en el núcleo accumbens? En otras palabras, ¿qué papel tiene la dopamina en el sistema de recompensa?

El neurotransmisor del placer

Como es lógico, si la dopamina aumenta cuando experimentamos situaciones placenteras, muchos investigadores asumieron que es la sustancia del cerebro que nos hace sentir bien. Según este punto de vista, la dopamina es la responsable de que disfrutemos tanto de una comida cuando tenemos hambre o de generar la euforia que experimenta el adicto a una droga cuando recibe su dosis. El reconocido científico especializado en dopamina Roy Wise dijo en una ocasión que la dopamina está involucrada en el proceso de experimentación de «el placer, la euforia y la sabrosura».[5]

La idea de que la dopamina genera placer se convertiría en otra de esas ideas científicas que calaron entre el gran público. La dopamina pasó a ser el «neurotransmisor del placer» o la «molécula del placer». También se hizo imprescindible en cualquier discusión científica sobre placer, adicciones y motivación. Un artículo publicado en 1997 por la revista *Time* afirmaba, por ejemplo, que la dopamina estaba relacionada con «el placer y la alegría» por lo que se incrementaba «con un beso, un abrazo, un halago o una buena mano jugando al póker, así como por las sensaciones placenteras producidas por las drogas». De hecho, el artículo llega a afirmar que, dados sus efectos placenteros, la dopamina podría describirse también como «la molécula magistral de la adicción». Al fijar el origen de cualquier adicción en una sola molécula neurotransmisora, se concluía que estos trastornos eran ahora «mucho más sencillos de tratar de lo que nunca se había imaginado».[6]

A finales de la década de 1990, muchos pensaban que el enigma del placer y las adicciones vinculadas a él (básicamente debidas a la búsqueda descontrolada de sensaciones placenteras) estaba resuelto. La dopamina era la responsable y ejercía su función a través del sistema de recompensa. Nos hacía sentir bien ante cualquier experiencia que identificáramos como placentera. Cuando una droga producía en nuestro cerebro un aumento artificial de los niveles de dopamina, podíamos quedar enganchados a esta agradable sensación, provocando comportamientos compulsivos orientados a evitar la desaparición de dicha sensación.

Esta explicación tiene, sin embargo, una pega. Se están simplificando procesos muy complejos, como son el placer o las adicciones, explicándolos exclusivamente a partir de la acción de un único neurotransmisor. Ya hemos visto en capítulos anteriores que en neurociencia las simplificaciones no suelen acabar bien.

La dopamina
desde una nueva perspectiva

Coincidiendo con el pico de popularidad de la dopamina como neurotransmisor del placer, comenzaron a aparecer estudios que sugerían un papel más complejo de esta sustancia. Uno de los problemas con la hipótesis de la dopamina como causante del placer se definió a partir de experimentos en los que se reducía drásticamente el nivel de dopamina en el cerebro de algunos animales como las ratas. Al hacerlo, las ratas parecían perder gran parte de su motivación natural –dejaban de hacer casi todo, incluido comer y beber– pero no perdían, sin embargo, la capacidad de «disfrutar» de algunas cosas. Por ejemplo, si una rata dopamino-deficiente recibía una solución de glucosa y agua (algo que normalmente les gusta muchísimo), seguía mostrando indicios de ser capaz de disfrutar con el sabor de dicha solución.[7] De forma similar, un humano que recibe un fármaco bloqueador de la actividad de la dopamina en su cerebro sigue indicando que sustancias como las anfetaminas le hacen sentir bien.[8]

Otra grieta en los cimientos de la hipótesis del neurotransmisor del placer surgió al descubrirse que las neuronas dopaminérgicas del sistema de recompensa también se activaban en respuesta a experiencias adversas, como al recibir por ejemplo una suave descarga eléctrica.[9] Era difícil compaginar la idea de que la dopamina era el neurotransmisor del placer cuando las evidencias demostraban que también participaba en la percepción de experiencias desagradables.

De acuerdo con estos hallazgos, los investigadores comenzaron a modificar su visión de la dopamina y surgieron así varias nuevas hipótesis. Estas propuestas seguían asignando un papel a la dopamina en el sistema de recompensa, pero no consideraban a esta sustancia como la responsable única de la generación de sensaciones placenteras. Vamos a presentar algunos ejemplos que nos servirán para entender mejor estas hipótesis. Pensemos, por ejemplo, que recibimos una recompensa en forma de delicioso helado de cucurucho. Un viernes por la tarde vemos que han abierto una nueva heladería y tienen además un sabor que nunca hemos probado antes. Ese sabor combina varios de nuestros sabores favoritos de helado (en mi caso sería algo así como helado de pastel de manzana con plátano, trocitos de galleta de canela y un poquito de caramelo). Lo pedimos y resulta ser el helado más delicioso que jamás hemos probado.

Una de estas hipótesis alternativas sugería que la dopamina ayuda al cerebro a crear un recuerdo que vincule el helado con cualquier elemento relevante que nos haya proporcionado la oportunidad de disfrutar de esta recompensa (por ejemplo, la apertura de una nueva heladería o que es viernes por la tarde). También se establecerán asociaciones con otros elementos secundarios, como pueden ser el olor de la heladería, la música que sonaba en ella, o incluso nuestro estado de ánimo cuando disfrutamos del helado aquel día.

Al vincular el placer de comer un helado con todos estos detalles, el cerebro nos podrá ayudar a recuperar el camino que conduce a la repetición de esta experiencia placentera. Garantiza, por ejemplo, que no se nos olvide dónde está la heladería. Siempre que nos expongamos a alguna de estas pistas vinculadas al evento placentero, el cerebro recordará lo rico que estaba el helado y activará nuestro deseo de volver a disfrutarlo.

Otra de las hipótesis planteaba la idea de que la dopamina es fundamentalmente responsable de generar la motivación necesaria para tratar de volver a disfrutar del helado en el futuro. Según este punto de vista, cada vez que pasemos por delante de la heladería o que sea viernes por la tarde –o si escuchamos la canción que sonaba en la heladería aquella primera vez–, la dopamina intervendrá creando un estado emocional que nos impulsará a volver a entrar en la heladería.

Finalmente, otra hipótesis con gran aceptación apunta a que la dopamina intervenga en el proceso de aprendizaje de lo que se denominan «errores de predicción de recompensa». Plantea que cada vez que nuestro cerebro se encuentra con algo que podría proporcionarnos una recompensa, trata de predecir el valor de esa recompensa, es decir, cómo de bien nos hace sentir, cuánto dura, cuánto agrada a nuestros sentidos, etc. Si una recompensa acaba reportando más placer de lo esperado, se produce una fuerte respuesta en la que interviene la dopamina. Cuando el valor de la recompensa es menor al esperado, la activación de la dopamina queda, por el contrario, suprimida. De esta manera, la dopamina va entrenando al cerebro y le enseña el valor de cada recompensa potencial, ayudándole a establecer qué recompensas son las más deseables y a las que, por tanto, debemos aspirar.

Según esta hipótesis, cuando nos comimos el helado aquel día recibimos una recompensa muy superior a lo esperado por el cerebro, puesto que a pesar de que habíamos probado antes otros helados, este estaba excepcionalmente rico. La señalización de la dopamina creó un recordatorio en nuestro cerebro indicando que el helado de esa tienda tiene un valor superior. En consecuencia, ese recuerdo nos impulsará a tratar de volver a comer el helado de aquella heladería.

OJOS QUE NO VEN... CEREBRO QUE NO SIENTE

Si estamos tratando de conseguir que nuestro cerebro olvide un vínculo placentero que ha formado en el pasado –como puede ser algún tipo de comida, por ejemplo–, debemos tratar de evitar verlo o que al menos quede lejos de nuestro alcance. En un estudio experimental se colocaron boles con galletitas en las oficinas de los participantes. A veces se situaban esas galletitas directamente sobre la mesa del participante, en otras ocasiones dentro de un cajón y algunos otros participantes tenían las galletitas en un bol situado a dos metros de su mesa, lo que les obligaba a levantarse para poder comerlas. El consumo de galletitas se reducía en un 34 por ciento al día si el participante no veía las galletitas (situadas dentro del cajón) y en un 30 por ciento si estas estaban alejadas de él.[10] Así que, si no vemos algo o se nos dificulta un poco el acceso a esa cosa, resultará más fácil renunciar a ella.

Cualquiera de estas hipótesis, o su combinación, permitiría explicar por qué el Sr. S sufría los trastornos descritos al inicio de este capítulo. El aumento de la actividad de la dopamina en su cerebro podría haber favorecido la consolidación de recuerdos relacionados con el placer de jugar a la lotería, o bien habría fomentado un estado emocional que le obligara a comprar billetes de lotería continuamente. Al ganar, es posible que la activación de la dopamina en su cerebro fuera tan intensa que le hiciera sobrevalorar la recompensa que recibía —un reintegro, por ejemplo—, por lo que se sentía inclinado a volver a jugar en busca de esa recompensa.

No se ha alcanzado un consenso al respecto de cuál de entre estas hipótesis es la correcta, y es probable que más de una sea parcialmente válida ya que parece totalmente plausible, e incluso probable, que la dopamina desempeñe varias funciones distintas en el proceso de recompensa. También es posible que ninguna de estas ideas sea acertada. Algunos científicos creen en la actualidad que el papel de la dopamina en la experiencia de la recompensa está sobrevalorado.[11] Según este punto de vista, la dopamina no sería más que otro de los neurotransmisores que intervienen en los procesos de recompensa en el cerebro. En cualquier caso, en lo que sí parecen estar de acuerdo la mayoría de los neurocientíficos es en que la dopamina no es el «neurotransmisor del placer».

¿Y qué pasa con el placer?

La dopamina parece ser una sustancia más complicada de lo que inicialmente se creía. Independientemente de qué hipótesis apoye uno en este debate sobre la dopamina y la recompensa, parece que las evidencias de que la dopamina sea la responsable del placer son más bien escasas. Y entonces, ¿qué es lo que nos produce placer?

Los neurocientíficos siguen explorando el cerebro para tratar de responder a esta pregunta y encontrar el escurridizo «sistema del placer». En el proceso, han dado con algunas claves interesantes. En las imágenes por escáner del cerebro se observa, por ejemplo, que cosas placenteras como la comida, el sexo, las drogas, la música o el arte activan un grupo de estructuras cerebrales solapadas como la corteza prefrontal, el núcleo accumbens y la amígdala.[12] Estos estudios, sin embargo, únicamente han logrado establecer que estas regiones muestran una mayor actividad durante una experiencia placentera, sin lograr determinar que sean las causantes de esa experiencia placentera.

Para tratar de establecer cuáles son las regiones cerebrales causantes del placer, los investigadores suelen necesitar recurrir a experimentos invasivos que no pueden realizarse en humanos. Se trata de técnicas que implican la estimulación o inyección de fármacos en zonas específicas del cerebro de roedores y, gracias a estos experimentos, los científicos han logrado identificar varios de los denominados «puntos hedónicos» en el cerebro. Estas zonas sensibles parecen ser capaces de generar o potenciar las respuestas placenteras al ser estimuladas.[13]

Los estudios sobre estos puntos hedónicos han obligado a concluir, sin embargo, que el papel de estas estructuras en los procesos del placer es más complejo de lo inicialmente esperado. Las investigaciones realizadas sobre el núcleo accumbens, por ejemplo, sugieren que solo un 10 por ciento de esta estructura se relaciona con el placer, mientras que el 90 por ciento restante no interviene en las experiencias placenteras o puede incluso suprimirlas si se estimula esa zona.[14]

En conclusión, la compresión del placer sigue siendo una tarea pendiente para la ciencia. No contamos con respuestas demasiado claras a pesar de los años de investigaciones exhaustivas en este campo. Los científicos siguen trabajando y tratan de entender mejor el placer y los procesos a través de los que el cerebro es capaz de generarlo. Uno de los motivos que justifican esta perseverancia es el de poder ayudar a resolver un problema que afecta a entre el 9 por ciento[15] y el 50 por ciento[16] de la población, dependiendo de cómo definamos el término: las adicciones.

Adicciones

Según el Instituto Nacional de Abuso de Drogas de EE.UU. (NIDA, por sus siglas en inglés), más de 20 millones de estadounidenses necesitaban tratamiento por adicción a las drogas o el alcohol en 2016, aunque solo un pequeño porcentaje de ellos se sometiera realmente a ese tratamiento.[17] Cuando en 2010 un grupo de investigadores trató de estimar el número de personas con algún tipo de adicción –más allá de las drogas o el alcohol, incluyéndose además otras conductas como comer compulsivamente, el juego, el abuso de internet, o las adicciones al trabajo, a las compras o al sexo–, concluyeron que era bastante probable que cerca del 50 por ciento de la población de EE. UU. cumpliera con los criterios asociados a una o varias de estas adicciones.[18]

En aras de la concisión, hablaremos aquí únicamente de la adicción a las drogas, aunque debe precisarse que, según los investigadores, las adicciones comportamentales (como el juego o el sexo) y a otras sustancias (como la comida) son igualmente frecuentes. Los planteamientos que se presentan a continuación son también aplicables a esos otros tipos de adicciones.

La adicción es un trastorno que implica comportamientos obsesivos y compulsivos. La obsesión se refiere a la necesidad de obtener o consumir una droga, mientras que la compulsión se refiere al deseo que nos impulsa a obtener o consumir esa droga. Las obsesiones acaban por desbordar el pensamiento de la persona que se verá superada por la ansiedad y la preocupación asociada a la incertidumbre de cómo hacerse con la droga. La compulsión hace que la persona consuma la droga incluso cuando sabe que es perjudicial para su salud. En conjunto generan problemas en las relaciones personales o en el cumplimiento de las obligaciones académicas o profesionales del adicto, que puede llegar a cambiar su vida por completo, abandonando todo aquello que no esté relacionado con el consumo de la droga, desde el trabajo a los amigos pasando por sus aficiones.

La compulsión hace que una persona siga consumiendo una droga incluso cuando sabe que peligra su vida. Llegados a este grado de adicción, las obsesiones y compulsiones que sufre el adicto son demasiado graves como para poder dejar la droga por su cuenta. Más de 70 000 personas murieron por sobredosis en EE. UU. en 2017, una cifra que supera al número de soldados muertos durante toda la guerra de Vietnam.[19]

¿Cómo consigue una droga generar un deseo tan poderoso en el individuo como para que este lo arriesgue todo en su afán de conseguirla? En el pasado se asumía, tanto por parte del público en general como por los científicos, que el drogadicto simplemente había errado en sus decisiones. Había elegido consumir drogas hasta caer en el exceso, al tiempo que elegía hacer caso omiso de las consecuencias de ese consumo. Hoy en día, sin embargo, la neurociencia ha arrojado algo de luz sobre las adicciones y se conocen los cambios neurobiológicos que se producen cuando se consumen drogas. Estos cambios en el cerebro dificultan sobremanera la interrupción del consumo de drogas, independientemente de la voluntad del adicto.

Un círculo vicioso

Para tratar de entender mejor estos cambios, vamos a tomar el ejemplo de una estudiante universitaria llamada Ann. Como tenía un examen muy difícil de neurociencia, Ann decidió tomar anfetaminas. Era la primera vez que las consumía. Este ejemplo me resulta especialmente familiar puesto que en muchas universidades, como en la que doy clase, el consumo de estas sustancias se ha convertido en una especie de epidemia. Los estudiantes toman fármacos estimulantes –normalmente recetados con cierta manga ancha para el tratamiento del trastorno por déficit de atención e hiperactividad (TDAH)– y consiguen así mantenerse despiertos y alerta durante más tiempo. No solo lo hacen para estudiar sino también para, por ejemplo, verse del tirón una temporada de su serie favorita en una noche.

La primera vez que Ann consumió anfetaminas resultó ser una experiencia estimulante y ligeramente placentera. Su cerebro la registró como una experiencia positiva y creó un recuerdo reforzado de todo lo que Ann hizo durante ese tiempo. Su cerebro creó un vínculo entre la droga, el estudio, el momento (avanzada la noche) en el que tomó la droga, e incluso el sabor del refresco que bebía mientras estudiaba.

La creación de esta red de relaciones viene acompañada por cambios estructurales en el cerebro. En el sistema de recompensa, por ejemplo, las «dendritas», esa parte de las neuronas encargada de recibir mensajes (en forma de neurotransmisores) de otras neuronas, desarrollan nuevas extensiones que logran conectarse con otras neuronas cercanas.[20] Se piensa que estos cambios permiten a esas neuronas establecer nuevas conexiones más potentes con neuronas vecinas.

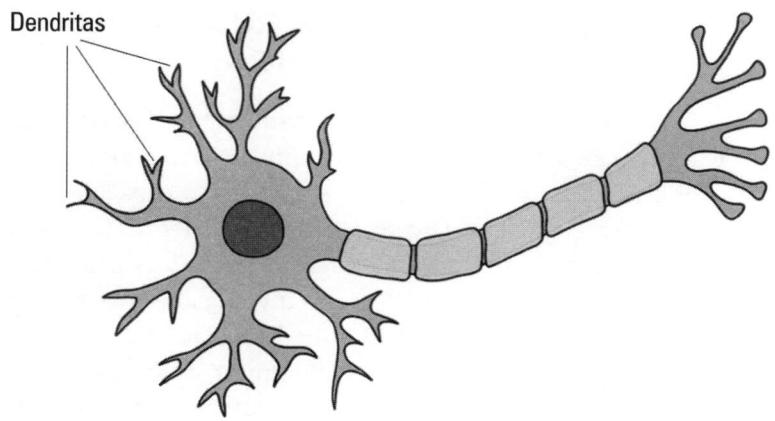

Dendritas

La modificación de la estructura neuronal también parece «sincronizar» el sistema de recompensa con aquellos elementos vinculados a la experiencia placentera, como cualquier cosa que ocurriera en nuestro entorno durante el consumo de la droga, pudiendo tratarse del olor o el sabor de la droga, por ejemplo. Estas nuevas conexiones neuronales generan una rápida respuesta en el cerebro cuando este identifica un elemento relacionado con la recompensa. Esta respuesta puede adoptar la forma de ansiedad por repetir la experiencia placentera o de motivación para revivirla.

Algunas investigaciones sugieren que este tipo de conexiones pueden activarse incluso antes de que una persona sea consciente de que se ha expuesto a un elemento relacionado con una experiencia de recompensa pasada.[21] Imaginemos, por ejemplo, a un fumador caminando por la calle. Se cruza con una persona fumando y huele el humo de su cigarro. Antes de que logre conscientemente asociar el olor con el recuerdo del placer que los cigarrillos solían proporcionarle, las áreas de la recompensa en el cerebro de esa personas ya habrán, una fracción de segundo antes, logrado establecer la conexión e iniciar el deseo de consumo. Este tipo de respuesta refleja inconsciente a estímulos relacionados con una recompensa dificulta aún más la supresión de la ansiedad por consumir una droga.

FORTALECIENDO NUESTRO MÚSCULO DEL AUTOCONTROL

Tratar de superar una adicción no solo es cuestión de voluntad. Dejar cualquier mal hábito que tengamos puede ayudarnos también a fortalecer nuestra capacidad de autocontrol en general. Diversos estudios han demostrado que ejercer el autocontrol en un área de nuestra vida nos puede ayudar a aplicarlo en otras. Algunos investigadores comparan el autocontrol con un músculo que se va fortaleciendo con el uso. Por tanto, si logramos identificar áreas vitales en las que somos capaces de aplicar el autocontrol, estaremos con ello reforzando nuestra voluntad en su conjunto. En un estudio, por ejemplo, los fumadores que practicaron el autocontrol, evitando el consumo de chucherías en las dos semanas anteriores al inicio de un tratamiento para dejar de fumar, duplicaron sus probabilidades de no fumar durante los veintiocho días siguientes con respecto a aquellos que no practicaron el autocontrol previo.[22]

En el caso de Ann, la reorganización de sus neuronas cerebrales vinculará estrechamente el estudio con el recuerdo de las sensaciones producidas por las anfetaminas, y este vínculo resurgirá la próxima vez que quiera estudiar para un examen importante. Pensar en estudiar para los exámenes le hará sentir un fuerte impulso a consumir anfetaminas. El hecho de que sienta que la droga le ayuda a estudiar facilita su decisión. Después de todo, le llega a parecer que no tomar las anfetaminas equivaldría a renunciar a que le salga bien el examen. Este es el tipo de racionalización que convence a Ann para volver a consumir la droga.

Con el paso del tiempo, Ann consume anfetaminas con cada vez más frecuencia. Ya no las usa solo para estudiar: las toma antes de hacer ejercicio y al levantarse por la mañana para potenciar su energía. Poco a poco el cerebro de Ann comienza a vincular las anfetaminas con una larga lista de actividades y situaciones. En consecuencia, su cerebro responde ante infinidad de lugares y acontecimientos con un incremento del deseo de consumir la droga. Su consumo de anfetaminas se ha vuelto continuado y empieza a necesitar consumir otros fármacos para contrarrestar sus efectos y poder dormir.

El cerebro de Ann también experimenta otro tipo de cambios. Como ocurre con el resto del cuerpo, el cerebro valora las situaciones de equilibrio. Sin embargo, las anfetaminas rompen ese equilibrio al aumentar la liberación de neurotransmisores. El cerebro responde tratando de compensar ese exceso reduciendo, mientras Ann consume la droga, el nivel de activación de los receptores. A menudo esta supresión consiste en la eliminación temporal de receptores.

Estos cambios del cerebro en respuesta al consumo de anfetaminas hacen que la droga tenga un efecto cada vez menor en Ann. Al haberse creado un vínculo tan estrecho entre las anfetaminas y las experiencias positivas en el cerebro de Ann, su respuesta no es la de dejar de consumir la droga cuando sus efectos se debilitan. Lo que hace es incrementar la dosis, esperando que ello le permita recuperar las sensaciones que tuvo cuando consumió anfetaminas por primera vez.

El cerebro volverá a responder tratando de compensar la sobreactivación e inhibirá algunas de las áreas del cerebro vinculadas a la recompensa y el placer. Se produce así un efecto secundario no deseado: Ann obtiene un menor disfrute de las anfetaminas, pero también disfruta menos del resto de facetas de su vida. Aquellas cosas que le gustaban antes de empezar a consumir anfetaminas van poco a poco perdiendo su atractivo. Ya no le atrae ir al cine, leer o ir de excursión a la montaña. Esta dificultad para experimentar placer se denomina «anhedonia». En personas que vinculan el placer con el consumo de una droga, la anhedonia les impulsa a tratar de consumirla de manera incluso más compulsiva, puesto que nada es capaz de reemplazar la sensación de placer que esta produce.

A medida que la adicción de Ann se vuelve más intensa, ciertas áreas de su corteza prefrontal que se consideran vinculadas al control de los impulsos y a la toma de decisiones se desactivan incomprensiblemente. No se sabe exactamente por qué se produce esta desactivación, pero este fenómeno se observa en adictos a distintos tipos de drogas, impidiendo la inhibición de los deseos y dificultando la toma de decisiones acertadas.[23]

Obviamente, un adicto que trata de tomar la decisión correcta para evitar que su adicción se prolongue no verá facilitado el proceso en una situación así. Tomemos el ejemplo de un cocainómano que trata de dejarlo. Si en una fiesta le ofrecen cocaína, la parte del cerebro que racionalmente generaría la determinación necesaria para rechazar la droga no funcionará adecuadamente y el camino que lleva a la decisión de decir «no» se verá salpicado de obstáculos.

Con el tiempo, Ann se dará cuenta de que las anfetaminas son un problema para ella. Duerme tan mal que las anfetaminas solo le sirven para no dormirse durante el día, por culpa del cansancio que ellas mismas han provocado en su organismo. Al aumentar la dosis consumida, su irritabilidad se incrementa en paralelo. A veces toma tantas anfetaminas que siente que tiene que beberse una copa para calmarse. Ha llegado al extremo de machacar las pastillas y esnifarlas porque disfruta así de un efecto instantáneo y más potente.

Ann se ha dado cuenta de que no va por buen camino y quiere dejar las anfetaminas. Ya no le gusta lo que siente y es que ya ni siquiera nota placer con su consumo. Sin embargo, al tratar de dejarlas le da la impresión de que no puede pensar con claridad ni funcionar con normalidad. Esto se debe a que las anfetaminas estaban compensando parcialmente la pérdida de capacidad cognitiva derivada de la falta de sueño. Por otra parte, el cerebro se ha acostumbrado a la presencia de la droga y su ausencia produce la liberación de hormonas relacionadas con el estrés, responsables de esas sensaciones de ansiedad y malestar que experimenta.[24]

Así que trata de dejar las anfetaminas y se siente fatal. Su cerebro, que ha vinculado la droga con una lista interminable de lugares, personas y cosas, no deja de activar su ansia por consumirla convenciéndole de que es la única forma de volver a sentirse bien. Una poderosa parte de su cerebro no le permite olvidar que hubo un día en el que las anfetaminas le hacían sentir bien. Esa parte del cerebro no ceja en su empeño de convencerla de que es posible recuperar esas buenas sensaciones y su fuerza es capaz de superar a la de cualquier otro pensamiento racional.

Un nuevo punto de vista sobre las adicciones

La historia de Ann nos sirve para entender que el desarrollo de una adicción lleva aparejados cambios en el propio cerebro que sirven para perpetuar esa adicción. Si el lector no ha tenido que enfrentarse a una adicción a lo largo de su vida, puede que la historia de Ann le haya llevado a preguntarse: «¿Por qué no deja las drogas y ya está?».

Aunque hay casos en los que una persona logra superar el «mono» en medio de una adicción (o antes de que su adicción se convierta en problemática), a la mayoría de los humanos les resulta extremadamente difícil vencerlo. Después de todo, es el cerebro –esa maquinaria en la que confiamos para superarlo– el que sabotea nuestros esfuerzos para dejar la droga. Podemos decidir racional y conscientemente que queremos dejar la droga, pero ciertos elementos del cerebro siguen identificando a esa droga como un factor muy valioso, tan valioso como podría serlo un trozo de pan cuando estamos muriendo de hambre. Estos elementos se conjuran y potencian nuestra motivación orientada a conseguir la droga antes incluso de que nuestra voluntad pueda actuar.

Esta perspectiva apoya la tesis de que las adicciones no son el resultado de una sencilla elección, sino que se trata más bien de un trastorno psiquiátrico similar a la depresión. Este concepto de adicción resulta en ocasiones controvertido, puesto que algunos pueden pensar que, una vez un individuo cae en una adicción, no puede hacer nada para desembarazarse de sus garras, especialmente si no cuenta con ayuda médica. Después de todo, la depresión no se considera un trastorno del que se pueda salir solamente a base de voluntad y decisiones acertadas. Sin embargo, la motivación y la elección pueden ser factores importantes a la hora de superar una adicción y muchos adictos, si no todos, llegan normalmente a un punto en el que no cumplen los criterios que los calificaron en un principio como tales.[25]

Al mismo tiempo, todo lo anterior no pretende negar el hecho de que las adicciones no se pueden describir como el resultado de un simple proceso de toma de decisiones sobre el consumo o no de una droga. Se producen cambios neurológicos en el individuo que le obligan a sobrevalorar las recompensas que recibe, al tiempo que perpetúan los comportamientos obsesivo-compulsivos. Estos cambios pueden restringir la capacidad individual para tomar decisiones racionales, por lo que se debe cuestionar si las decisiones que un adicto adopta son verdaderamente autónomas.

Algunas personas pueden seguir defendiendo la tesis de que las adicciones son, a pesar de todo lo dicho, una simple cuestión de elección. Son los adictos los que crean sus propias adicciones al optar por el consumo de una droga. Es cierto que si se lograra evitar ese primer consumo de drogas o un primer comportamiento adictivo se evitaría la adicción, pero lo mismo ocurre con muchas otras cosas en la vida. Las decisiones que afectan a nuestro estilo de vida explican muchas de las enfermedades que se sufren en la actualidad. La diabetes tipo 2, por ejemplo, depende en gran medida de nuestro estilo de vida, siendo la obesidad el principal factor de riesgo. Nuestro comportamiento –sedentarismo, dieta inadecuada, consumo de tabaco– es también un factor de riesgo fundamental para el cáncer, las enfermedades cardiovasculares y otros muchos problemas de salud. Sin embargo, cuando sufrimos estos males no se suele culpar al paciente de haberlos provocado.

Por tanto, las adicciones deberían enmarcarse en una categoría similar, independientemente de opiniones particulares sobre el origen de la adicción. Sabemos lo suficiente, desde el punto de vista neurocientífico, como para sugerir que las adicciones se consideren como un trastorno y no solamente como la consecuencia esperable de elecciones individuales erradas.

La comunidad médica y científica aborda las adicciones en la actualidad como un trastorno y la adopción de este punto de vista ha resultado clave para lograr importantes avances en la comprensión de este problema desde una perspectiva neurobiológica. El público en general y el sistema judicial siguen, sin embargo, etiquetando como «culpables» a los pacientes que sufren adicciones.

Los adictos son, de alguna manera, víctimas del diseño de sus propios cerebros. El sistema de recompensa evolucionó muy probablemente para garantizar la conservación de la motivación en la búsqueda de aquellas cosas que son fundamentales para nuestra supervivencia, como la comida o el agua. Se trata de un mecanismo genial. ¿Qué puede haber mejor que un mecanismo que convierta en placentera la experiencia de tratar de obtener cosas que son necesarias para nuestra supervivencia? Sin embargo, el sistema de recompensa funciona en ocasiones demasiado bien y el cerebro se obsesiona en su intento de maximizar el placer y minimizar el dolor. Este fervor puede revelar la cara oscura del placer, desvelando una de las dicotomías más sorprendentes y trágicas del cerebro.

NUEVE

Dolor

Gabby Gingras parecía una bebé sana y feliz al nacer. Todos vivimos con cierta ansiedad el nacimiento de los hijos y los padres de Gabby se sintieron aliviados al ver que todo había ido bien. Desapareció la inquietud y una sensación de orgullosa alegría ocupó su lugar.

Sin embargo, cuando Gabby comenzó a echar los dientes notaron que algo no iba del todo bien. La mayoría de los bebés prefieren morder cosas que alivien el dolor de sus encías, mientras que Gabby mordía cualquier cosa, desde juguetes de plástico duro a libros. Un poco raro, pero puede pasar. La cosa se volvió más preocupante cuando Gabby empezó a morderse los dedos hasta hacerlos sangrar.

Todavía más extraño era el hecho de que a Gabby no parecía afectarle en absoluto. Al acercarse a la cuna, sus padres se encontraban a Gabby tranquilamente tumbada en ella con los dedos «hechos carne picada»[1], en palabras de su madre. Aparentemente no sentía ningún tipo de dolor.

Parecía imposible evitar que se mordiera los dedos, pero el problema se agravaría cuando los dientes de Gabby acabaron de salir. Comenzó entonces a morderse la lengua, sin detenerse incluso después de haberse arrancado un trozo. Los médicos no sabían qué hacer y optaron por recomendar a los padres de Gabby la extracción de todos sus dientes de leche como único mecanismo capaz de evitar que se autolesionase. Sus padres estuvieron de acuerdo.

Esta medida solucionó temporalmente el problema, pero al poco tiempo surgió otra complicación, potencialmente mucho más grave.

Gabby había cumplido un año. Una tarde, cuando su madre fue a despertarla de la siesta, vio que tenía algo raro en el ojo. Cuando trató de limpiárselo, se dio cuenta de que no era suciedad sino que se trataba de una herida en el propio ojo. Gabby se había arañado la córnea, una lesión que en adultos es extremadamente dolorosa e impide abrir el ojo. A Gabby no parecía afectarle en absoluto.

Los médicos tuvieron que coserle el ojo para dejar que se curara de la lesión, pero Gabby se arrancó los puntos. De nuevo, el dolor brillaba por su ausencia. Por desgracia, el ojo de Gabby no consiguió recuperarse y perdió la visión en él. El ojo acabó por infectarse y temiendo que la infección se extendiera a otras partes de su cabeza, los médicos se vieron obligados a extirparlo.

A partir de ese momento, Gabby llevó lentillas de protección y gafas de seguridad durante el día, y unas gafas de natación durante la noche. Todo ello para evitar que se dañase el ojo que le quedaba sano. A pesar de todas las medidas preventivas aplicadas, Gabby fue declarada legalmente ciega a los diecisiete años.

La deficiencia visual no es el único problema al que se enfrentó Gabby. Perdió todos sus dientes definitivos por culpa de diversos accidentes y tras una intervención quirúrgica en la que le extirparon parte de su mandíbula, después de que pasara semanas rota sin que ella se diera cuenta. Se había roto varios huesos, sufrido quemaduras y otros muchos accidentes. Todos sus problemas se debían a lo que con el tiempo se diagnosticaría como una incapacidad total para sentir dolor.

Gabby sufre un trastorno extraordinariamente inusual conocido como «neuropatía sensorial y autonómica hereditaria» (HSAN, por sus siglas en inglés). En la HSAN, las neuronas sensoriales normalmente dedicadas a sentir dolor o a detectar una temperatura extrema no logran desarrollarse adecuadamente, por lo que el paciente no detecta estas sensaciones.

El caso de Gabby nos sirve para recalcar la importancia del dolor. Solemos pensar en el dolor como algo fastidioso –y no hay duda de que puede serlo–, pero al mismo tiempo es un indicador crítico que informa al cerebro de que se ha producido un daño en alguna parte del cuerpo y que, por tanto, existe un elemento peligroso a nuestro alrededor. El cerebro podrá utilizar esa información para, por ejemplo, salir de allí a toda velocidad y buscar protección mientras restañamos las heridas.

Perder el acceso a este tipo de señales puede ser problemático e incluso catastrófico. Los pacientes con trastornos como el de Gabby corren un riesgo mayor de muerte prematura debido a numerosos factores, desde lesiones no detectadas a la incapacidad de tener miedo a hacer determinadas cosas. A los niños con insensibilidad al dolor les cuesta aprender qué comportamientos son peligrosos y, en consecuencia, deberían evitarse. La mayoría de nosotros aprendemos estas cosas a base de dolor. Si saltamos desde la rama más baja de un árbol al suelo, sentiremos un impacto en las piernas que desaconsejará repetir ese salto desde una rama situada dos metros más arriba que la primera. Estas dolorosas lecciones no pueden ser aprendidas por pacientes como Gabby.

Un niño de catorce años con la misma enfermedad murió al saltar desde el tejado de una casa.[2]

Por tanto, y a pesar de su mala reputación, el dolor es necesario. Necesitamos que el cerebro reciba un aviso de que algo supone un riesgo para nuestro cuerpo. No recibir esa señal puede ser tan pernicioso como si la señal es demasiado intensa. Obviamente, como ocurre con cualquier otro tipo de señal o estímulo procesado por nuestro cerebro, todo empieza y acaba en las neuronas.

La senda del dolor: desde los receptores hasta el cerebro

Repartidos por nuestro piel –y por el resto de nuestro cuerpo– se encuentran multitud de minúsculos receptores proteínicos diseñados para responder ante cualquier anomalía, desde la ligera presión que sentimos al apoyaros en una mesa al caso en el que sufrimos una herida real. La estimulación de estos receptores sensoriales envía un mensaje a través de la médula espinal que acaba por llegar al cerebro.

Algunos de estos receptores están especializados únicamente en detectar estímulos dañinos, como una presión excesiva, un daño en el tejido o una temperatura extrema. Se los denomina «nociceptores», es decir, «receptores de daño» y se activan al recibir una herida, una quemadura o una congelación. En ellos se encuentra el origen del dolor.

Cuando se activan los nociceptores, envían un impulso eléctrico a través de las neuronas que viaja por la médula espinal. La señal se cruza allí para llegar hasta el hemisferio opuesto del cerebro.

Estas neuronas forman varias vías independientes de señalización del dolor que en conjunto se conocen como «sistema anterolateral». Esta denominación se debe a su localización en la médula espinal, en la que ocupa la parte delantera lateral. Cada una de estas vías llega a una parte distinta del cerebro, siendo la más relevante de ellas el «tracto espinotalámico», que va desde la médula espinal al tálamo. El tracto espinotalámico es fundamental en la percepción de la localización, la intensidad y el tipo de dolor.

Como ya se mencionó en el capítulo 7, el tálamo se describe a menudo como un repetidor de señales, pero sus funciones van mucho más allá de este mero reenvío. Las neuronas del tálamo también intervienen en el procesamiento de la información que transmiten. No se conoce con precisión la función del tálamo en lo que respecta a las señales de dolor, pero las evidencias parecen sugerir que interviene en la gestión de diversas respuestas a los estímulos dolorosos, como puede ser centrar la atención en la zona de la que proviene el dolor, coordinar la reacción emocional al dolor o incluso modular la intensidad percibida del dolor.

El procesamiento del dolor no acaba en todo caso en el tálamo. Las señales del dolor viajan desde esta estructuras a diversas áreas de la corteza cerebral que también intervienen en la percepción del dolor. Una de estas áreas es una zona específica de la corteza que se conoce como «corteza o área somatosensorial primaria» y que se especializa en la gestión de señales relacionadas con el dolor y, en general, con todos los estímulos táctiles.

El centro común del dolor y el tacto

La corteza somatosensorial primaria se estructura de forma que diferentes zonas de ella reciben información proveniente de distintas partes del cuerpo, siguiendo un esquema que se denomina «somatotópico». En otras palabras, una sección de la corteza somatosensorial primaria se dedica exclusivamente a recibir información sensorial de las manos, otra se ocupa únicamente de los pies, y existen zonas equivalentes para los hombros, los codos, los tobillos, etc. Este tipo de esquema somatotópico es similar al que vimos aplica la corteza motora.

Corteza o área somatosensorial primaria

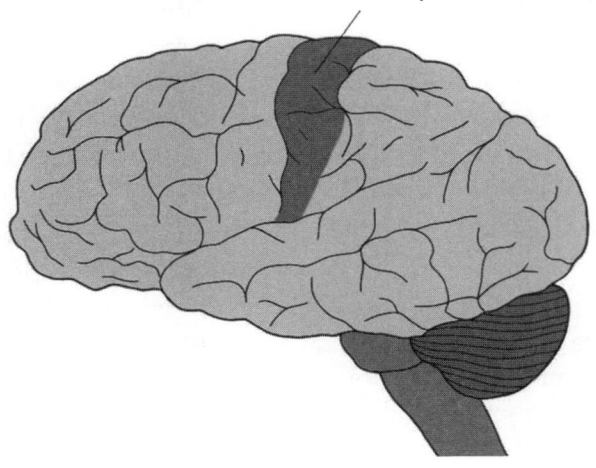

La actividad de la corteza somatosensorial primaria se relaciona con el procesamiento de aspectos dolorosos y no dolorosos de un estímulo. Esta estructura se encarga, por ejemplo, de reconocer la intensidad del dolor, así como de la localización de este en el cuerpo. También permite distinguir otros aspectos no dolorosos de la fuente del dolor, como pueden ser la textura o el movimiento de un objeto. Pongamos, por ejemplo, que nos golpeamos el dedo con un martillo. Ciertas neuronas de la corteza somatosensorial primaria dedicadas a recibir señales del dedo indicarán que sufre dolor, mientras que otras neuronas de la misma zona de la corteza registrarán la frialdad y la textura metálica de la cabeza del martillo. Algunas otras neuronas serán capaces de relacionar el dolor con la rapidez del impacto sufrido.

Las neuronas del sistema anterolateral también se comunican con otras zonas de la corteza, lo que otorga una mayor complejidad a nuestra reacción al dolor. A pesar de que se trata de elementos importantes para la percepción básica del dolor, puede que tengan una importancia aún mayor en el caso de los dolores crónicos, esos dolores que nos obligan a consultar con un médico por su persistencia. Hablaremos más adelante sobre el dolor crónico en este capítulo. Se cree, por ejemplo, que el giro cingulado está involucrado en diferentes aspectos de la experiencia dolorosa, desde el componente emocional asociado al dolor hasta el control e inhibición del dolor. La «ínsula» o corteza insular es una región cerebral situada en lo más profundo de la corteza cerebral en el punto en el que se encuentran los lóbulos frontal, parietal y temporal. Parece ser que la ínsula también influye en los aspectos emocionales relacionados con el dolor, así como en el control del dolor y la activación de la respuesta de lucha o huida ante un estímulo doloroso.

La importancia del componente emocional del dolor queda patente en el caso de las personas que sufren un trastorno denominado «asimbolia al dolor». Este raro trastorno implica que un paciente sienta dolor sin que sea capaz de responder a él. Si a un paciente con este trastorno le pinchamos con una aguja, dirá: «Eso duele». Lo extraño es que puede decirlo mientras sonríe y además no retirará la mano instintivamente como haríamos la mayoría de nosotros. Estos pacientes sienten el dolor, pero no son capaces de darle un significado. Su cerebro no lo interpreta como un acontecimiento que deba ser considerado como peligroso o digno de generar miedo. Este trastorno se produce cuando el paciente ha sufrido una lesión en la ínsula.[3]

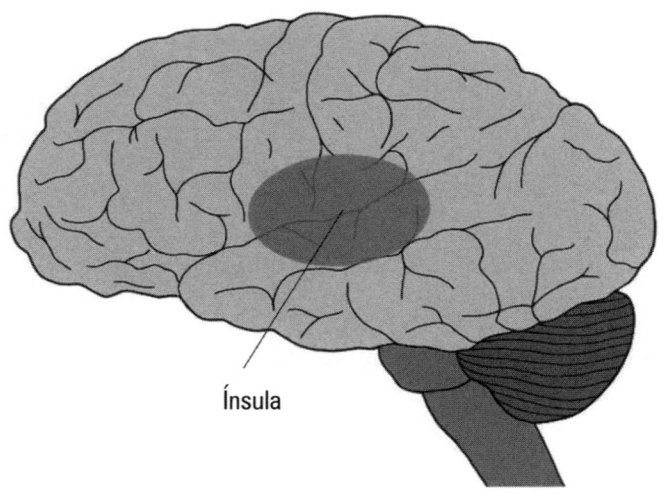

Ínsula

Zona aproximada en la que se sitúa la ínsula
(esta región no es visible en la superficie del cerebro).

Por tanto, el dolor es mucho más que esa sensación desagradable que sentimos si nos pinchan con una aguja en la piel. Ese dolor lleva aparejada una importante carga cognitiva y emocional que hace que, cuando la aguja penetra en nuestra piel, el cerebro reconozca instantáneamente esa sensación como desagradable, al tiempo que acelera nuestro pulso y activa emociones como el miedo, la ansiedad o incluso el enfado. Si eliminásemos todo este equipaje emocional y cognitivo de una experiencia dolorosa, esta tendría una influencia bastante limitada sobre nosotros. Es la combinación de esa carga emocional y cognitiva con la propia sensación de dolor la que puede llegar a dominar por completo nuestros pensamientos y bienestar.

Afortunadamente, el sistema nervioso no adopta una posición pasiva frente al dolor. Trata de ayudarnos a sobrellevarlo y nos ofrece multitud de mecanismos para inhibir esta sensación con objeto de evitar que el dolor nos resulte insoportable.

Frotar alivia el dolor

Imaginemos que al levantarnos de una silla nos golpeamos el codo contra la esquina de la mesa. Duele. Después de soltar algún que otro improperio, ¿qué reacción física solemos tener?

La mayoría de nosotros nos agarraremos el codo, aplicaremos algo de presión y frotaremos la zona dolorida. ¿Alguna vez te has parado a pensar por qué hacemos esto? ¿Tiene sentido pensar que frotando una zona dolorida se llegue uno a sentir mejor?

La respuesta es afirmativa y lo es porque este gesto realmente alivia el dolor. Recordemos aquellas neuronas de la médula espinal que reciben la información sobre el dolor enviada por los nociceptores de la piel. Pues bien, estas neuronas también reciben información de receptores que se activan al tacto pero que no están relacionados con el dolor. Al frotar la zona dolorida del codo, estaremos activando estos receptores.

LA NATURALEZA CONFUSA DE LOS DOLORES ASOCIADOS A UN ATAQUE AL CORAZÓN

A pesar de que los humanos hemos desarrollado una gran capacidad para detectar el dolor, el cerebro no siempre es capaz de localizar exactamente el origen de este, especialmente si procede del interior de nuestro cuerpo y no se corresponde con una herida o lesión más superficial. Un buen ejemplo de esto se observa en el caso de los dolores asociados a un ataque al corazón. A menudo se produce dolor en el pecho, pero en ocasiones se experimenta dolor en el brazo izquierdo o incluso en la mandíbula, el cuello o la espalda. No se sabe exactamente por qué este dolor se distribuye por tantas zonas, aunque se han propuesto varias hipótesis explicativas. Una de ellas plantea que las neuronas sensoriales que llegan a la médula espinal desde los órganos internos del cuerpo lo hacen en la misma zona que las neuronas procedentes del brazo izquierdo. Esta convergencia en la entrada de señales impide al cerebro distinguir si el dolor proviene de una zona o de otra, por lo que siempre preferirá asignar el dolor al brazo que al corazón.

Cuando las neuronas no nociceptivas envían un exceso de información, este exceso logra interferir o bloquear la llegada de información dolorosa procedente de las neuronas nociceptivas. Se ha llegado a proponer que el envío regular de este tipo de información actuaría como una especie de barrera por saturación frente a las sensaciones dolorosas. Si se transmite una suficiente cantidad de información táctil positiva, la barrera se cierra y la información dolorosa no logra llegar al cerebro.

Este concepto se incorpora en la actualidad a los tratamientos modernos del dolor, aplicándose a través de la estimulación eléctrica nerviosa transcutánea (TENS). La técnica TENS se utiliza para tratar casi cualquier tipo de dolor –con más éxito en unos casos que en otros– y consiste en colocar un pequeño aparato sobre la piel que produce una corriente eléctrica muy suave. La corriente estimula los nervios de la zona de aplicación en la que sentimos dolor. Este tipo de estimulación se rige por el mismo principio que aplicamos al frotar la piel de una zona dolorida: se activan las neuronas no nociceptivas para interferir con la señal de dolor emitida por los nociceptores. Se consigue así saturar la vía de señalización del dolor y el cerebro no llega a recibir las señales dolorosas.

Este concepto de barrera de control de la transmisión de la información dolorosa al sistema nervioso central ha resultado ser muy útil, tanto desde un punto de vista teórico como práctico. Sin embargo, la inhibición del dolor no siempre es un proceso que se inicie al nivel de las neuronas sensoriales. La barrera analgésica también puede cerrarse y evitar que el dolor llegue al cerebro siguiendo instrucciones que vienen de mucho más arriba.

Mecanismos superiores

Henry K. Beecher fue cirujano de campo durante la Segunda guerra mundial. Mientras trabajaba en el frente, realizó una serie de descubrimientos que, con el tiempo, ayudarían a cambiar nuestra visión del dolor. En primer lugar, Beecher observó que cuando los soldados llegaban al hospital de campaña no parecían sufrir demasiados dolores, a pesar de que en muchas ocasiones presentaban terribles heridas. La mayoría de ellos no reclamaban calmantes e incluso parecían animados.

Beecher había tratado a muchos pacientes antes de la guerra en el Hospital General de Massachusetts (EE. UU.), pero el comportamiento de estos era totalmente distinto. Se trataba de civiles y se mostraban mucho más desanimados al llegar a quirófano. Se quejaban de sus dolores y solían pedir calmantes para aliviar el dolor.

Beecher comenzó a recoger datos para tratar de confirmar si sus observaciones se correspondían con la realidad. Parte de los datos los recogió en el frente y el resto los obtendría de vuelta en su puesto del Hospital General de Massachusetts. Este trabajo sistemático confirmó su hipótesis: los civiles calificaban su dolor como más intenso que los militares y un 88 por ciento de los civiles reclamaban narcóticos para aliviar el dolor, mientras que solo un 32 por ciento de los soldados lo hacían.[4]

Beecher pensó que la llegada de estos dos tipos de pacientes al hospital ocurría en circunstancias muy diferentes. Los soldados venían del frente donde habían experimentado situaciones traumáticas de estrés máximo. El hospital les debía parecer un refugio seguro en comparación con lo vivido en las trincheras. Los que sufrían heridas más graves incluso podían pensar que les enviarían a casa, así que la sensación de alivio y el optimismo que mostraban parecerían tener cierto sentido.

Los civiles, por su parte, afrontaban la cirugía como una experiencia angustiosa en sí misma que llevaba además aparejada otra serie de factores estresantes como los costes médicos o el tiempo de baja sin poder trabajar. Los civiles no disfrutaban del atenuante que supone alejarse del frente.

Las evidencias recogidas demostraban que los factores psicológicos influían sobre el dolor y Beecher concluyó que el dolor es algo más que una señal física. Parecía tener un componente mental, pudiendo verse exacerbado por el estrés y mitigado por el optimismo.

Beecher observó también, mientras trabajaba en el hospital de campaña, un extraño fenómeno relacionado con el dolor. En ocasiones no disponían de suficiente morfina para combatir el dolor de los enfermos. Como no podía suministrar el narcótico a sus pacientes más graves, optó por inyectarles una solución salina con el objetivo de tratar de tranquilizarles. Obviamente, no informaba a los soldados de que no se les estaba suministrando un analgésico y los heridos creían estar recibiendo un potente fármaco.

Beecher observó con sorpresa que sus pacientes reaccionaban como si el dolor realmente remitiera, independientemente de si les suministraba morfina o una solución salina. Aparentemente la solución salina lograba calmar su dolor simplemente porque así lo esperaba el paciente. Este tipo de respuesta se conoce como «efecto placebo» y se produce cuando alguien logra sentirse mejor a pesar de que el tratamiento suministrado no tiene un efecto directo conocido sobre el organismo.

Todos estos hallazgos llevaron a Beecher a concluir que el cerebro debe contar con algún mecanismo inhibidor del dolor capaz de activarse en determinadas circunstancias. Sabemos hoy que Beecher tenía razón y se ha conseguido identificar algunas áreas del cerebro y ciertos mecanismos capaces de producir estas respuestas.

Un importante descubrimiento

Los neurocientíficos saben desde la década de 1960 que la estimulación con una suave corriente eléctrica de ciertas zonas del cerebro puede producir una drástica reducción del dolor percibido. Una de estas regiones es una pequeña zona circular situada en el tronco encefálico que se denomina sustancia gris periacueductal (SGPA). La SPGA rodea el «acueducto de Silvio» (por eso se llama «periacueductal»), un pequeño canal relleno de líquido.

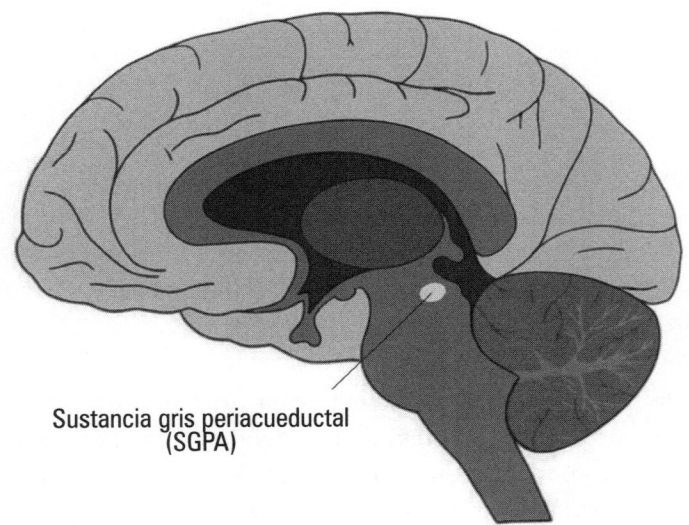

Sustancia gris periacueductal
(SGPA)

Las primeras evidencias de que la SGPA podría ser capaz de inhibir el dolor se obtuvieron en experimentos realizados con ratas. Los investigadores observaron que, estimulando la SGPA de las ratas, podían practicar cirugías en estos animales sin necesidad de anestesia y sin que los roedores mostraran signos de dolor.[5] Al principio no parecía estar claro cómo conseguían inhibir el dolor, pero en la década siguiente se obtuvieron datos adicionales que aclararon en parte el proceso.

El más importante de estos avances se refiere al descubrimiento de unos receptores cerebrales que se activan en presencia de sustancias derivadas de la adormidera, una planta cuya flor produce naturalmente una sustancia analgésica llamada opio. El opio se utiliza como precursor en la producción de fármacos y drogas como la morfina, la heroína, la oxicodona y otras sustancias. Todas ellas en conjunto se denominan «opiáceos». Los receptores que responden a estas sustancias se conocen como «receptores opiáceos» y tienden a concentrarse en ciertas zonas del cerebro, siendo la SPGA una de esas zonas que presentan una alta concentración.

Los receptores funcionan según un mecanismo de tipo llave y cerradura. Cuando una sustancia reconocible para el receptor se une a este, abre la cerradura y desencadena una serie de reacciones en la célula. ¿Qué implicaciones tiene la existencia de receptores en el cerebro diseñados para «abrirse» en presencia de opiáceos?

Analgésicos naturales

Cuando se descubrieron estos receptores, los científicos no creían que estuvieran diseñados para interactuar con los opiáceos. Tenía mucho más sentido que respondieran a sustancias similares a los opiáceos, pero producidas por el propio cuerpo, es decir, endógenas. Los receptores estarían, por tanto, destinados a responder a la presencia de estas sustancias.

En la década de 1970 se descubrió la existencia de los «opiáceos endógenos» y los investigadores han ido identificando diferentes tipos de opiáceos endógenos con el paso de los años. Es posible que el nombre de uno de ellos le resulte familiar al lector: las betaendorfinas (normalmente conocidas como endorfinas). A principios del siglo XXI, las endorfinas se harían muy populares al sugerirse en algunos estudios que participaban en la generación de diversas respuestas vinculadas al placer.

Es posible que tanto los investigadores como los medios de comunicación se pasaran de frenada en aquel momento. Los estudios que se hicieron vinculaban la secreción de endorfinas a todo tipo de actividades, desde el ejercicio físico intenso[6] a comer chocolate[7] o acariciar a nuestra mascota.[8] Si buscamos «endorfinas» en Google, la mayoría de los resultados nos hablarán de que estas sustancias son los «compuestos químicos de la felicidad» y se nos recomendará hacer lo necesario para elevar nuestros niveles de endorfinas.

En la práctica, la mayoría de las conclusiones que relacionan a las endorfinas con distintos comportamientos no van más allá de una correlación y no sabemos con certeza qué funciones tiene esta sustancia en el sistema nervioso. Por tanto, cualquier afirmación relacionada con su influencia sobre la felicidad es sin duda una exageración, puesto que se especula mucho sobre este proceso cuando el conocimiento sobre él es en realidad bastante limitado.

En cualquier caso, las endorfinas y otros opiáceos endógenos sí parecen realizar una función relevante como inhibidores naturales del dolor. Al unirse a los receptores de la SGPA, esta zona enviará señales –a través de una ruta indirecta que pasa por otra zona del tronco encefálico– y estas viajarán por la médula espinal hasta inhibir la acción de las neuronas que transmiten la información sobre el dolor. Los opiáceos endógenos también pueden unirse a receptores en otras partes del sistema nervioso –por ejemplo, directamente a los de las neuronas de la médula espinal– para inhibir así el dolor.

Hemos visto que el dolor es una señal muy importante para nuestro cuerpo. ¿Y para qué tiene nuestro sistema nervioso entonces un mecanismo que inhiba el dolor? Bien, por una parte nos ayuda a limitar nuestra respuesta al dolor, que en ocasiones puede ser exagerada, pero es que además el control del dolor ha evolucionado como una característica positiva por su capacidad para salvarnos la vida en determinadas circunstancias.

Imaginemos, por ejemplo, que somos antiguos cazadores-recolectores y sufrimos el ataque repentino de un león hambriento mientras deambulamos por la sabana. Llevamos un arma, por lo que entablamos una lucha con el león. En mitad de la pelea, el león clava sus garras en nuestra pierna y nos provoca una profunda herida. Ahora es cuando el mecanismo salvavidas pasa a la acción. A pesar de la gravedad de la herida, somos capaces de ignorar el dolor por completo, al menos durante el tiempo en el que luchamos para salvar nuestra vida. En situaciones tan estresantes como esta, el cerebro suele optar por inhibir las señales que transmiten dolor. Esta maniobra nos da el tiempo suficiente para concentrarnos en tratar de escapar del escenario potencialmente peligroso en lugar de preocuparnos por el dolor que sufrimos.

Este mismo fenómeno es el que experimentan en ocasiones los soldados en el frente de batalla o los atletas durante una competición. Son capaces de ignorar casi totalmente el dolor mientras la respuesta de lucha o huida permanece activada. Esto da lugar a anécdotas como las de soldados que no se dan cuenta de haber recibido un disparo hasta que termina la batalla o las de deportistas que juegan todo un partido lesionados. Se trata de los vestigios de ese mecanismo de respuesta que es probable que salvara las vidas de muchos de nuestros ancestros y gracias a lo cual existimos nosotros hoy.

Desafortunadamente, la inhibición del dolor no es un mecanismo infalible y no resuelve todos los problemas que el organismo sufre en relación con el dolor. Así lo atestigua el gran número de personas que en la actualidad sufre dolor crónico. Irónicamente, nuestros esfuerzos para tratar de aliviar el dolor crónico han provocado una de las crisis de salud pública más graves en EE. UU. en lo que llevamos de siglo XXI: el abuso de los fármacos analgésicos.

El problema del dolor crónico

El dolor de duración breve que se experimenta al golpearnos un dedo con un martillo o al tocar una sartén caliente se clasifica como «dolor agudo», lo que básicamente significa que no dura demasiado tiempo. El dolor agudo es la respuesta normal del organismo ante una lesión y, como ya hemos explicado, se trata de una respuesta importante que nos permite ser conscientes de que hay un elemento peligroso en nuestro entorno.

Cuando la duración del dolor supera el tiempo necesario para la curación de la lesión se adentra en los dominios de lo que conocemos como «dolor crónico». Aunque existen distintas definiciones del dolor crónico, normalmente se aplica a cualquier dolor que dura más de tres meses. Se trata de un problema sorprendentemente común que afecta a cerca de una de cada cinco personas en el mundo.[9] Es además el principal motivo por el que se acude al médico y la causa prevalente de bajas laborales y discapacidades.

La función del dolor agudo está clara, pero no ocurre lo mismo en el caso del dolor crónico. Algunos investigadores han sugerido que podría también tener efectos beneficiosos –como el dolor agudo– desde el punto de vista evolutivo, ya que la mayor sensibilidad al dolor después de una lesión contribuye a hacernos más precavidos y a evitar amenazas. En general, esa hipersensibilidad al dolor nos hace sentir más vulnerables a sufrir daños.[10] En cualquier caso, desde el punto de vista del humano moderno –que no sufre ya constantemente el riesgo de ser atacado por un depredador–, la respuesta del dolor crónico no parece ofrecer demasiadas ventajas.

Los investigadores siguen tratando de establecer el mecanismo por el cual el dolor agudo se transforma en crónico. Una explicación podría estar en el proceso de potenciación a largo plazo, es decir, el fortalecimiento de las sinapsis basado en la actividad reciente del que hablamos en el capítulo 2. Se trataría de un proceso similar a lo que ocurre en el hipocampo durante la formación de cualquier otro recuerdo. En este caso, la potenciación a largo plazo se produciría en las sinapsis de la médula espinal involucradas en el envío de señales dolorosas hacia el cerebro.

Se trata de lo que los neurocientíficos denominan «sensibilización neurológica» e implica una mayor propensión de una neurona a responder a un estímulo recibido, incluso cuando este es muy pequeño. En estos casos se puede sufrir una señalización excesiva del dolor en la parte del cuerpo vinculada a esas neuronas sensibilizadas. Nuestro cerebro percibirá en consecuencia dolor ante situaciones que previamente no suponían nada más que una ligera molestia en esas zonas.

A pesar de que la sensibilización neurológica es el mecanismo mejor descrito en relación con el dolor crónico, parece que el problema no se acaba aquí. Por ejemplo, ese control inhibidor del dolor que el cerebro utiliza para neutralizar las sensaciones dolorosas tampoco funciona del todo bien en este tipo de pacientes y sus cerebros presentan cambios estructurales –en zonas como la ínsula o el giro cingulado– que pueden estar relacionados con una respuesta emocional amplificada al dolor.

El tratamiento del dolor: un arma de doble filo

El dolor es una respuesta compleja que resulta de la combinación de distintos elementos físicos y emocionales. Por este motivo, cada persona suele experimentar el dolor de un modo muy particular. En algunos casos produce un debilitamiento físico, mientras que en otros el impacto es más de tipo psicológico. Obviamente, el tipo de lesión o daño sufrido también influye en la contribución relativa de estas diferentes facetas del dolor y toda esta enorme variabilidad hace del tratamiento del dolor una tarea extraordinariamente compleja.

Existen diferentes métodos terapéuticos para abordar el dolor, pero cuando se trata de dolor solemos fijar nuestra atención únicamente en aquellos que consideramos más eficaces: los fármacos analgésicos. Un grupo importante de estos medicamentos son los antiinflamatorios no esteroideos (AINE), que reducen el dolor y la inflamación a través de la inhibición de la actividad de las enzimas que promueven las respuestas dolorosas ante una lesión. Los AINE, como la aspirina o el ibuprofeno, tienen algunos efectos secundarios, pero su consumo es en general bastante seguro a corto plazo. Se suelen utilizar, en cualquier caso, solo para el tratamiento del dolor suave o moderado, no siendo demasiado efectivos contra los dolores severos.

En el caso de dolores intensos, los médicos suelen optar por la prescripción de opiáceos. Algunos de ellos, como la morfina o la codeína, se obtienen de forma natural a partir del opio. Otros, como la oxicodona o la hidrocodona, se producen a partir de la transformación de estos opiáceos naturales. Finalmente, los hay como el fentanilo que son totalmente sintéticos, es decir, que su producción no parte de ninguna sustancia natural.

Todos los opiáceos actúan de manera similar, aunque su potencia varía en función del medicamento utilizado. Cuando un paciente ingiere cualquier opiáceo, este se unirá a los mismos receptores que utilizan los opiáceos endógenos e inhibirá el dolor a través de varios mecanismos.

Por ejemplo, si se une a los receptores opiáceos de la médula espinal, los fármacos conseguirán detener la señalización del dolor directamente en el origen. Si el opiáceo se une a los receptores de la SGPA, conseguirá activar los sistemas de inhibición del dolor descritos anteriormente, de forma que las neuronas de la SGPA serán las que supriman la señal dolorosa enviada por la médula espinal. En ambos casos, la intensidad de la señal dolorosa que llega al cerebro se ve sensiblemente reducida, lo que hace que el dolor sea más llevadero.

Dado que poseemos receptores opiáceos por todo el sistema nervioso, estos medicamentos opiáceos pueden también modificar la actividad neuronal en diferentes lugares del cuerpo, por lo que pueden producir otros efectos secundarios más allá de su eficacia analgésica. Algunos de estos efectos se consideran positivos, puesto que los opiáceos reducen los niveles de ansiedad y generan un estado de cierta satisfacción general (un estado que puede llegar a la euforia si las dosis son elevadas o se opta por vías de administración distintas, como esnifar o inyectar).

Sin embargo, los opiáceos también producen efectos secundarios no deseados. Por ejemplo, el intestino y el esfínter anal contienen muchos receptores opiáceos, por lo que el consumo de estos fármacos suele producir estreñimiento. Más relevante es la presencia de receptores opiáceos en las áreas del tronco encefálico encargadas del control de la respiración. Los fármacos opiáceos pueden, a través de esta vía, influir sobre nuestra frecuencia respiratoria, un aspecto potencialmente problemático si se consumen grandes cantidades de estos fármacos (hablaremos más sobre esto en un momento).

Independientemente de sus efectos secundarios, la potencia analgésica y los efectos generalmente positivos de los opiáceos convierten a estos fármacos en un problema potencial. Su consumo puede ser tan placentero que acabe atrapando a algunos pacientes en el abuso de estas sustancias. Aquellos individuos propensos a comportamientos adictivos no serán capaces de obviar las agradables sensaciones que los opiáceos producen y corren el riesgo de convertirse en adictos.

ACUPUNTURA Y DOLOR: ¿FUNCIONA?

A pesar de su consideración como terapia alternativa, la acupuntura se ha popularizado bastante como tratamiento del dolor, incluso en los países occidentales. La acupuntura se basa en la idea de que la colocación de agujas en puntos específicos de la piel ayuda a recuperar el equilibrio de las «energías vitales» y este equilibrio contribuye a una vida saludable. ¿Y funciona? Pues es difícil decirlo. La comunidad médica y científica debate animadamente al respecto. Aunque algunos estudios han establecido una cierta eficacia de la acupuntura en el tratamiento de ciertos tipos de dolor, muchos otros establecen que ese efecto beneficioso se identifica con el efecto placebo.[11] Incluso si la acupuntura tuviera únicamente los efectos beneficiosos del efecto placebo, podría considerarse una terapia preferible frente a los tratamientos farmacológicos para el alivio del dolor. Después de todo, la acupuntura no tiene prácticamente efectos secundarios ni conlleva los riesgos asociados a algunos de los fármacos analgésicos.

Los opiáceos pueden suponer un riesgo incluso para las personas que los toman bajo prescripción médica. Como ya se mencionó en el capítulo anterior, el cerebro trata de mantener un nivel estable de activación en todos sus receptores.

Cuando la actividad se sitúa por encima o por debajo de ese nivel, el cerebro activa mecanismos diseñados para recuperar el equilibrio. Lo mismo ocurre con los receptores opiáceos. Cuando estos receptores se sobreestimulan debido al consumo de opiáceos, el cerebro trata de modular la respuesta de dichos receptores, reduciéndola o incluso desactivando temporalmente algunos de estos. El sistema nervioso se vuelve, en consecuencia, menos sensible a los opiáceos.

El efecto de esta sensibilidad reducida hace que el paciente deba consumir una cantidad superior de opiáceos para obtener la misma respuesta. Su organismo se ha acostumbrado a esta sustancia en un fenómeno que se denomina «desarrollo de tolerancia». La necesidad de consumir dosis más elevadas de opiáceos incrementa el riesgo de desarrollar una adicción. Además, los cambios en la sensibilidad de los receptores opiáceos también supone un problema en el caso de que se interrumpa repentinamente el consumo de este tipo de fármacos.

Reflexionemos un momento sobre el escenario que se nos presenta. Nuestro sistema nervioso posee un tipo de receptor presente por todo él y encargado de una serie de funciones, entre las que se incluye la capacidad natural para inhibir el dolor. Estos receptores han dejado de funcionar correctamente por el uso continuado de opiáceos. Mientras sigamos consumiéndolos, la presencia de esta sustancia en el organismo incrementará el nivel de actividad lo suficiente como para compensar la pérdida de funcionalidad de los receptores, preservándose así el equilibrio. Si interrumpimos súbitamente el consumo de opiáceos, el sistema nervioso se encontrará con un nivel muy bajo de receptores opiáceos activables y el fármaco no va a compensar ahora ese déficit con su acción estimulante. El funcionamiento anormal del sistema opiáceo endógeno provocará que diversas áreas en las influye este sistema funcionen a un nivel subóptimo.

Los efectos de esta situación son en muchos aspectos equivalentes a los que experimentan los drogadictos cuando interrumpen el consumo de una droga y sufren el síndrome de abstinencia. El paciente se sentirá mal, nervioso, sufrirá náuseas y también una hipersensibilidad al dolor. También se pueden presentar otros síntomas desagradables como pulso acelerado o diarrea. Todo ello caracteriza al síndrome de abstinencia de los opiáceos y, aunque no es mortal, sí resulta un verdadero infierno. La gravedad del síndrome de abstinencia se corresponderá con la cantidad del fármaco a la que el paciente se haya acostumbrado a consumir, pero cualquier persona que consuma opiáceos durante mucho tiempo puede sufrir estos síntomas de síndrome de abstinencia, incluso si la cantidad consumida es pequeña y el paciente se ha ajustado a las dosis recomendadas por su médico.

En conclusión, los opiáceos son sustancias con el potencial para convertirse en una droga tremendamente adictiva. Alivian el dolor, reducen la ansiedad, nos hacen sentir bien e incluso eufóricos si tomamos una dosis alta. Ahora bien, si los consumimos en dosis elevadas o durante mucho tiempo, el sistema nervioso desarrollará tolerancia a ellos y, cuando tratemos de interrumpir su consumo, nuestro organismo reaccionará negativamente y nos hará sentir tan mal que trataremos por todos los medios de evitar esa sensación. Y la única forma de parar el sufrimiento consiste en... consumir más opiáceos.

La principal razón por la que los opiáceos representan un problema importante —más allá de los graves problemas que cualquier tipo de adicción produce en la vida de una persona— se refiere al riesgo de muerte por sobredosis de estas sustancias. ¿Recuerda el lector que habíamos mencionado el tronco encefálico como esa zona capaz de regular la respiración y con una alta densidad de receptores opiáceos? Pues bien, si una persona consume una dosis excesiva de opiáceos, los receptores del tronco encefálico se sobreexcitarán y el resultado será el de una ralentización del ritmo respiratorio, pudiendo llegar a producirse una «hipoventilación» o depresión respiratoria. Esta es la principal causa de muerte por sobredosis de opiáceos. En resumen, los opiáceos ralentizan la respiración hasta detenerla por completo y producir la muerte.

Los datos registrados en EE. UU. son alarmantes con más de 47 000 muertes por sobredosis de opiáceos en 2017, una cifra que es casi seis veces la registrada en 1999.[12] Esto supone unas 130 muertes diarias, más fallecidos que los provocados por disparos de arma de fuego o en accidentes de tráfico. Estas muertes se deben tanto al consumo de drogas ilegales como la heroína, como al consumo de fármacos con receta médica como la oxicodona.

Las razones para el surgimiento de esta situación de crisis son diversas. Pasan por el recurso a técnicas de marketing poco éticas por parte de las empresas farmacéuticas, pero también reflejan las prácticas irresponsables de los médicos a la hora de recetar estos fármacos, además de la existencia de factores socioeconómicos que han influido en el devenir de esta crisis. En consecuencia, se deben adoptar medidas de amplio espectro para detener el avance de esta epidemia.

Debemos concluir que los problemas que el dolor causa no son únicamente de carácter individual sino que afectan a la sociedad en su conjunto. Al mismo tiempo, el dolor es una señal necesaria que alerta a nuestro cerebro de un posible riesgo en nuestro entorno. No podemos, por tanto, pretender eliminar el dolor por completo. Debemos aprender a vivir con él y esperamos que la investigación neurocientífica contribuya a conocer cada vez mejor el dolor y que esto nos ayude a convivir en relativa armonía con él.

Atención

Mike tenía unos sesenta y cinco años y había sufrido un ictus. Su brazo izquierdo perdió movilidad como consecuencia del ataque, pero estaba contento por haber sobrevivido y especialmente aliviado porque siguiera siendo capaz de pensar con claridad. Volvió a casa después de pasar unos días en el hospital y todo parecía ir bien. Mike se quedó muy sorprendido cuando su mujer, Julia, insistió en que volvieran a la consulta de su médico.

Julia había detectado un comportamiento extraño en su marido. Lo primero que detectó es que solo comía de la mitad derecha del plato, nunca de la izquierda. Al principio le preguntó por qué lo hacía y Mike solía responder con algún tipo de razonamiento más o menos impreciso, como que no tenía más hambre. Cuando Julia le preguntó específicamente por qué solo comía de uno de los lados del plato, Mike dijo que había sido una coincidencia, a pesar de que ocurría en cada una de las comidas que hacía.

Julia observó otro comportamiento poco habitual. Mike llevaba una semana sin afeitarse después de que le dieran el alta en el hospital. Ya tenía una buena barba y decidió que era hora de afeitársela. Cuando salió del baño, la mitad derecha de la cara estaba perfectamente afeitada, pero la izquierda seguía intacta. Julia creyó que Mike le estaba gastando una broma, pero este se extrañó al verla reír. Le explicó lo que pasaba y él despachó el asunto diciendo que «se había dejado algún pelillo».

Julia finalmente consiguió arrastrar a Mike a la consulta del médico y este le pidió que dibujara un par de cosas. Lo primero que le pidió es que dibujara el reloj de pared de la consulta y Mike lo hizo, pero su dibujo mostraba todos los números desplazados a la zona derecha del reloj. La parte izquierda del círculo quedó completamente vacía. A continuación el médico pidió a Mike que dibujara una flor. Mike lo hizo, pero tampoco tenía parte izquierda. Finalmente, el médico presentó a Mike una hoja de papel con una serie de líneas trazadas aleatoriamente por toda la hoja. Le pidió que las fuera marcando una a una, pero Mike solo marcó las de la parte derecha. Al acabar Mike entregó orgulloso su hoja a pesar de que había dejado el trabajo a medio hacer.

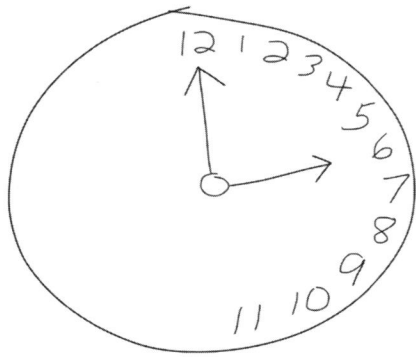

Reloj dibujado por un paciente con heminegligencia.

Después de ver los resultados de estas pruebas, el médico concluyó que Mike sufría un trastorno denominado «heminegligencia». La heminegligencia o negligencia hemiespacial se produce generalmente cuando el lóbulo parietal sufre algún tipo de lesión en el hemisferio derecho, normalmente como consecuencia de un ictus. El problema consiste en que los pacientes no logran prestar atención a uno de los lados de su campo visual.

Las personas que sufren heminegligencia no suelen ser conscientes de no estar prestando atención a esa porción tan importante del mundo que les rodea. Muchos incluso niegan tener un problema, incluso cuando se les presentan las pruebas de que así ocurre y algunos llevan su negación al extremo. Es el caso de una mujer de setenta y tres años que sufría heminegligencia y que insistía en afirmar que su mano izquierda no era suya. Decía que los médicos se había olvidado la de verdad en la cama del hospital.[1]

Puede parecer ridículo, pero no es nada raro que el cerebro recurra a algún tipo de racionalización extrema cuando se enfrenta a una situación que es tan difícil de entender. En neurología se denomina «confabulación» a este fenómeno y ninguno de nosotros somos inmunes a ella. Suele ser más frecuente cuando se sufren trastornos como la heminegligencia.

La heminegligencia es un trastorno grave de la atención y proporciona un ejemplo muy ilustrativo de lo que ocurre cuando el cerebro no se dedica, como es su obligación, a recoger toda la información procedente del mundo que nos rodea. En cualquier caso, la atención implica muchas más funciones que la mera recogida de información. El entorno está repleto de información, tanta que si no fuéramos capaces de ignorar parte de ella, nuestra capacidad perceptiva se saturaría y todos los estímulos externos acabarían formando un amasijo sin sentido.

La atención consiste en recopilar información, pero también en descartar toda aquella información que es irrelevante. Por tanto, el cerebro está continuamente involucrado en un proceso de clasificación de datos, y casi siempre lo hace sin que ni siquiera nos demos cuenta. Solo somos conscientes de hacerlo cuando el cerebro no logra funcionar correctamente o cuando realizamos una tarea compleja que nos obliga a concentrar en ella nuestra atención conscientemente.

La atención y las fiestas de cóctel

Vamos a recurrir al conocido ejemplo de la fiesta de cóctel para tratar de explicar las dificultades a las que se enfrenta el cerebro. Imaginemos que hablamos con un amigo en una fiesta rodeados de decenas de personas, todos hablando animadamente en pequeños grupos.

Cuando tu amigo te habla, no envías demasiados datos al cerebro: las palabras de tu amigo, sus expresiones faciales y sus gestos. Se están produciendo varias conversaciones simultáneas mientras hablas con él y, de alguna manera, el cerebro es capaz de silenciar la mayor parte de ese incesante flujo de sonidos y palabras provenientes de todas direcciones. Se centra en lo que nuestro amigo nos cuenta y esta capacidad es a la que los investigadores se refieren como «efecto de fiesta de cóctel».

Es probable que pienses que muchas veces sí prestamos algo de atención a las conversaciones de los demás en este tipo de fiestas. Es cierto, pero cuando se consigue hacerlo suele ser porque nuestra conversación pasa por un momento de pausa. De lo contrario, si escuchas otras conversaciones será porque no prestas demasiado atención a la tuya. Las investigaciones realizadas han demostrado que es casi imposible prestar atención a más de una conversación si son simultáneas.

Por tanto, en una de estas fiestas, tu cerebro se centrará en la conversación más importante, es decir, en escuchar y entender las palabras de la persona con la que hablas. Seguirás atento a lo que pasa alrededor, pero manteniendo un nivel de atención muy reducido, el mínimo necesario para detectar algún dato de interés por casualidad.

El cerebro considera nuestro nombre como uno de esos datos de interés, por lo que incluso si cuando prácticamente silenciamos el resto de las conversaciones a nuestro alrededor, si alguien pronuncia nuestro nombre seremos capaces de registrarlo, aunque pueda parecer imposible. Si en alguno de esos corrillos se menciona nuestro nombre, nos daremos cuenta, incluso si estamos totalmente centrados en la conversación con nuestro amigo.

Al centrar nuestra atención en una conversación que nos interesa personalmente, estaremos desplegando un tipo de atención denominada «atención endógena». Recordemos que *endógeno* se refiere a *procedente de nuestro interior* y el intercambio con nuestro amigo nos resulta intrínsecamente interesante, siendo este el motivo por el que centramos nuestra atención en la conversación. Se suele hablar también de «atención descendente», puesto que la atención ha sido impuesta por el nivel superior en la jerarquía de deseos del cerebro: el deseo consciente.

Esto contrasta con la «atención exógena», que es la que actúa cuando nuestra atención se desvía de forma natural hacia un elemento de nuestro entorno, como ocurre al oír nuestro nombre en un corrillo cercano, o cuando alguien deja caer una copa de cristal y se rompe.

En ambos casos se produce un movimiento casi reflejo y giraremos nuestra cabeza hacia la fuente del sonido. La atención exógena también se denomina «atención ascendente», puesto que no podemos ejercer demasiado control consciente sobre ella. La atención se hace con el control de la actividad consciente del cerebro en lugar de estar controlado por este nivel superior de la consciencia.

La capacidad de prestar atención se reparte entre la atención endógena y exógena. Cuando dedicamos nuestra capacidad a una de ellas, la otra queda parcialmente suprimida. Aunque, como sabemos, incluso cuando estamos totalmente concentrados, siempre surge alguna cosita en nuestro entorno capaz de distraernos si es suficientemente llamativa.

La atención en el cerebro

Tratándose de una tarea tan compleja como la atención, no sorprenderá saber que dedicamos gran parte de nuestro cerebro a ella, aunque algunas regiones participan más que otras en la realización de esta función.

La atención puede necesitar del concurso de cualquiera de nuestros sentidos (vista, oído, tacto, etc.), pero nos centraremos para simplificar la explicación en el sentido de la vista. Después de todo, los humanos somos criaturas visuales y, si se nos pregunta por cinco momentos en los que prestáramos especial atención durante la pasada semana, lo más seguro es que al menos cuatro estén relacionados con la atención visual. Utilizamos la atención visual cuando vemos una película, leemos un libro o incluso cuando revisamos nuestros perfiles en redes sociales a través del teléfono móvil.

Es razonable pensar que, si centramos nuestra atención a través de un determinado sentido, las regiones del cerebro que se activarán son las que habitualmente se dedican al procesado de ese tipo de información sensorial. Por tanto, si estamos prestando atención visual a algo, las zonas cuya actividad aumentará serán las de la corteza visual primaria. Lo mismo se puede decir de otras regiones que también participan en el procesamiento de información visual. ¿Recuerdas el área fusiforme de la cara de la que hablamos en el capítulo 7? Cuando fijamos nuestros ojos en una cara, la actividad de esta zona también se incrementa.[2]

Y esto no es más que el principio. Los investigadores han identificado varias redes de interconexión de regiones cerebrales que se activan especialmente cuando realizamos tareas que requieren atención, además de la posibilidad de que existan redes independientes para la atención exógena y endógena.

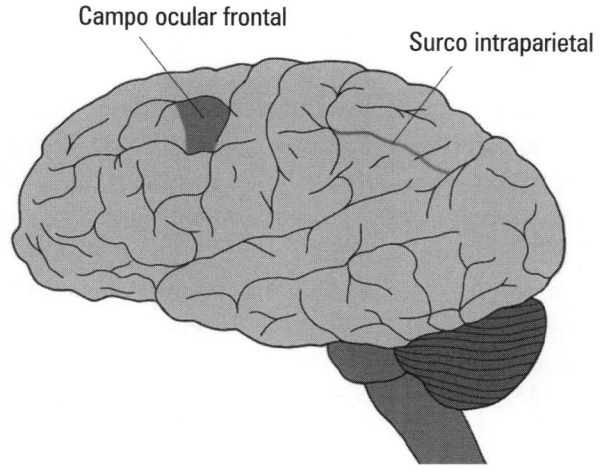

Campo ocular frontal

Surco intraparietal

Cuando se registra la actividad cerebral durante la realización de una tarea de atención visual endógena, por ejemplo, se activa especialmente una red que conecta fundamentalmente dos áreas: el «campo ocular frontal» y el «surco interparietal». El campo ocular frontal se encuentra en los lóbulos frontales de ambos hemisferios y las investigaciones apuntan a su posible intervención en el proceso de fijar nuestra mirada en el caso de la atención endógena.[3] El campo ocular frontal es el que permite al lector fijar su mirada en este libro mientras lo lee.

El surco interparietal se localiza en el lóbulo parietal. Como su propio nombre indica, se trata de una de esas grietas profundas que recorren la superficie del cerebro y le dan ese aspecto arrugado. El surco interparietal muestra una gran actividad cuando centramos la atención en algo que consideramos de gran importancia.[4]

El campo ocular frontal y el surco interparietal no están solos en esta misión. Parecen ser los encargados de liderar el proceso con el que centramos la atención, pero recurren a otras regiones del cerebro para garantizar que su misión se cumple sin contratiempos.

Además, los investigadores han detectado la existencia de otra red de la atención fundamentalmente dedicada a los procesos de atención exógena. Al igual que en el caso de la endógena, esta red conecta partes de los lóbulos frontales y parietales, aunque las conexiones se produzcan en zonas distintas que a las del caso anterior. Un dato curioso es que la mayor parte de la actividad de esta red se centra en el hemisferio derecho del cerebro.[5] De nuevo nos encontraremos con dos regiones que lideran la realización de esta función: la «unión temporoparietal» y la «corteza prefrontal ventrolateral».

La unión temporoparietal no puede considerarse un área definida con precisión en términos anatómicos, pero se suele describir como la región del cerebro en la que se unen los lóbulos parietales y temporales. Se activa cuando modificamos el foco de nuestra atención, como cuando alguien pronuncia nuestro nombre en el corrillo de al lado o se cae una copa en otra mesa. La actividad de la unión temporoparietal se suprime cuando centramos nuestra atención endógena, probablemente en un intento de evitar que cualquier acontecimiento nos despiste y distraiga de algo que consideramos verdaderamente importante.[6]

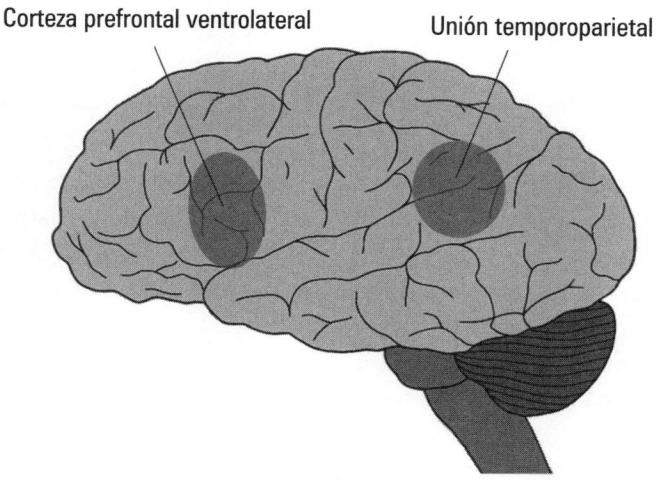

Corteza prefrontal ventrolateral   Unión temporoparietal

La corteza prefrontal ventrolateral es otra zona sin delimitación anatómica clara. Se activa durante los cambios en el foco de la atención exógena.[7] A pesar de que no se ha aclarado con precisión su papel, parece ser importante para el funcionamiento de la memoria operativa. Por tanto, podría servirnos para recordar el entorno en el que estamos e identificar un cambio inesperado, pudiendo estos cambios justificar el desplazamiento del foco de nuestra atención.

Al igual que en el caso anterior, la unión temporoparietal y la corteza prefrontal ventrolateral no trabajan en solitario. Sus conexiones con otras regiones del cerebro son las que nos permiten desviar nuestra atención hacia un estímulo inesperado. Además, tanto la red de atención endógena como la de atención exógena interactúan y colaboran de manera dinámica: cuando una reduce su actividad, la otra la aumenta, y viceversa. Esta flexibilidad y facilidad de nuestro cerebro para activar una red o la otra explica que nuestra atención sea tan versátil.

La atención es un recurso limitado

Es impresionante que el cerebro pueda centrar la atención en cualquier cosa sin hacer aparentemente ningún esfuerzo y luego desplazar instantáneamente el foco de atención a otro elemento de nuestro entorno potencialmente relevante, para volver solo un momento después a centrarse en su tarea original. Sin embargo, nuestra capacidad de atención tiene un defecto: no es ilimitada. Todos sabemos que mantener nuestra atención centrada en algo puede resultar en ocasiones una tarea casi imposible.

Los investigadores saben desde hace tiempo que tenemos una capacidad de atención limitada. Para comprobarlo se suele hacer un experimento que consiste en que un sujeto escuche, a través de auriculares, conversaciones diferentes en cada oído. Los participantes en estos experimentos solo suelen lograr prestar atención a una de las conversaciones en cada momento, mientras que de la otra conversación solo registran algunas informaciones básicas, como si la voz era de hombre o de mujer. De hecho, cuando los investigadores aplican este enfoque al estudio del efecto de la fiesta de cóctel, los participantes solo logran detectar su nombre en el oído en el que no están prestando atención en una de cada tres veces.[8]

Lo mismo ocurre con la información visual. Si pedimos a una persona que vea dos fragmentos de películas al mismo tiempo, solo logrará centrarse en una de ellas. Esta capacidad va incluso va más allá. Si pedimos a esa persona que se centre en un elemento de la escena de una de las películas, dejará de registrar otros elementos de esa misma escena que parecerían *a priori* casi imposibles de pasar por alto. Un ejemplo de este fenómeno nos lo ofrece el fascinante experimento diseñado por Daniel Simons y Christopher Chabris de la Universidad de Harvard. Hicieron que los participantes en su experimento vieran un vídeo con dos equipos, uno vestido de negro y otro vestido de blanco, que se pasaban cada uno de ellos entre sí una pelota de baloncesto. Los investigadores pidieron a los participantes que contaran el número de pases y lo que ocurrió es que unos participantes se centraron en contar los pases del equipo blanco y otros los del negro.

Mientras los dos equipos se pasaban la pelota tranquilamente, de repente apareció una persona disfrazada de gorila en la parte izquierda de la pantalla, cruzó por entre los jugadores de los dos equipos y desapareció por la parte derecha de la pantalla. Lo sorprendente es que solo el 42 por ciento de los participantes que se habían centrado en contar los pases del equipo blanco detectaron la presencia del gorila.[9] Se habían centrado de tal manera en observar a los jugadores de blanco que el gorila les pareció ser un miembro más del equipo negro.

Algunos investigadores comparan nuestra capacidad de atención con un foco. El cerebro iría desplazando su centro de atención por nuestro entorno, destacando aquellos elementos que en ese momento podríamos considerar importantes. Este mecanismo nos ayuda a centrar la atención en determinados elementos, pero deja fuera de foco a otros elementos que circunstancialmente han sido clasificados como secundarios, como ocurre con el gorila. Decide no hacer caso de esos estímulos y no recopila la información relacionada con ellos.

Ahora bien, el cerebro sí sabe que están pasando cosas más allá del centro de atención en el que se ha enfocado. Lo que hace es filtrar la información no esencial en el nivel subconsciente. En el caso de que detecte algo de importancia vital fuera del foco de atención, sí nos alertará sobre ello. Se ha comparado a este sistema de filtro con un cuello de botella. Hay demasiado información en nuestro entorno, no podemos absorberla toda y solo los datos más valiosos y necesarios serán clasificados como dignos de atención. Esta es la información que logra pasar el cuello de botella, mientras que lo demás se rechaza.

La multitarea: cuando lo hacemos todo a la vez

La aparición de los teléfonos móviles y otras tecnologías ha fomentado el hábito de hacer varias cosas a la vez. La capacidad multitarea o *multitasking* se ha convertido en tendencia y las personas llegan a describirse como bien dotadas para la multitarea como forma de demostrar su capacidad profesional. Se publican libros y se proponen métodos que supuestamente nos pueden ayudar a mejorar esta cualidad.

Si echamos un vistazo a nuestro alrededor en un lugar público, veremos que mucha gente está realizando más de una tarea. Algunas personas estarán mandando un mensaje mientras hablan por teléfono, o escuchando música por sus auriculares mientras trabajan con su ordenador. A pesar de que muchos nos consideramos bastante eficientes en la multitarea, las investigaciones realizadas sugieren que la mayoría de las personas no son capaces de simultanear tareas sin que se produzca una reducción significativa de su rendimiento.

Antes de detallar estas investigaciones aclararé que cuando hablamos de multitarea a lo que realmente nos referimos es a una «alternancia de tareas». Como ya hemos visto, la capacidad del cerebro para centrarse en dos tareas a la vez es muy limitada y la mayoría de nosotros no somos capaces de hacerlo eficientemente. La multitarea consiste en realizar una tarea, pasar a otra y volver después a la inicial. Así que, cuando hacemos algo como responder a un mensaje en medio de una conversación, no estamos haciendo las dos cosas a la vez. Simplemente desplazamos nuestro foco de atención a una de las tareas, abandonando la anterior, para luego retomar esa tarea inicial, y así sucesivamente. Lo mismo ocurre cuando realizamos una tarea mientras vemos la televisión de fondo. Es imposible centrarse por completo en esa tarea y prestar atención a la televisión. Lo que ocurre realmente es que nuestra atención se enfoca alternativamente en una cosa o la otra, pero lo que es indudable es que mientras se concentra en una de las actividades, no recoge demasiada información sobre la otra, y viceversa.

No debe sorprender que las investigaciones realizadas apunten a que la multitarea genera pérdidas de rendimiento. Uno de los ejemplos más claros de esto nos lo ofrecen esos conductores que envían mensajes al volante. Se estima que enviar un mensaje mientras se conduce reduce nuestro nivel de atención a la carretera más que conducir bajo los efectos del alcohol.[10] Los accidentes provocados por el uso del móvil mientras se conduce producen más pérdida de años de vida en conjunto que muchos grandes desastres.[11]

Las consecuencias de usar el móvil mientras se conduce ejemplifican el efecto negativo que tiene la multitarea (o la alternancia de tareas) sobre la atención. Pocas personas negarían que enviar un mensaje con el móvil mientras se está al volante distrae gravemente al conductor de lo que ocurre en la carretera.

¿Y qué se puede decir de otros hábitos como enviar correos electrónicos con la televisión de fondo? ¿O escuchar música en el trabajo?

Estos hábitos son cotidianos para muchos de nosotros y lo normal es que afirmemos que no tienen efecto alguno sobre nuestra atención. Sin embargo, las investigaciones sugieren que incluso estos sonidos de fondo relativamente poco intrusivos reducen nuestra precisión y productividad.[12-13]

EL POCO EFECTIVO
«EFECTO MOZART»

Puede que el lector haya oído hablar del «efecto Mozart», que básicamente se resume en la idea de que escuchar a Mozart nos hace más inteligentes. Esta idea se ha popularizado hasta el punto de que mucha gente escucha a Mozart o música clásica mientras trabaja por este motivo, y los padres hacen que sus hijos jueguen con Mozart de fondo con la esperanza de que se dispare su cociente intelectual. Sin embargo, todo el ruido alrededor del «efecto Mozart» se debe a una interpretación errónea de las investigaciones científicas realizadas en este campo. Los estudios sugieren que la escucha de cualquier sonido que fomente el disfrute, el interés o aumente el nivel de alerta –sea esto la música de Mozart o el sonido del tráfico de la ciudad– antes de la realización de una tarea contribuye a generar un rendimiento ligeramente superior.[14] Por tanto, este efecto no se restringe a la música de Mozart ni hay evidencias de que afecte a la inteligencia a largo plazo. Escuchar sonidos agradables, interesantes o estimulantes mientras se realiza una tarea que requiere concentración tampoco parece lograr una mejora del rendimiento. Si lo que toca es concentrarse y trabajar, lo mejor es hacerlo en silencio.

¿Y por qué seguimos haciendo estas cosas si reducen nuestro rendimiento? La respuesta es sencilla: nos gustan. Si tenemos que ponernos a trabajar en algo que no nos motiva demasiado, el escuchar una música agradable de fondo nos hace que esta tarea sea algo más llevadera. No tiene nada de malo, obviamente, pero debemos saber que hará que trabajemos con algo más de lentitud e imprecisión. Teniendo esto en cuenta, debemos sopesar los costes y beneficios de esa música de fondo: ¿nos ayudará a seguir adelante con la tarea o no merece la pena puesto que debemos concentrarnos al máximo?

Supertasking:
la superatención

Después de leer la sección anterior es posible que reflexionemos sobre algunos de nuestros comportamientos y, a lo mejor incluso, nos planteemos abandonar un par de malas costumbres. Es por esta razón que me resulta incómodo abordar el siguiente tema del libro, puesto que muchas de las personas que habitualmente practican la multitarea reflexionarán en sentido opuesto y asumirán que pertenecen a la categoría de humanos de la que hablaremos a continuación.

En 2010, poco tiempo después de que la multitarea se pusiera de moda como tema de investigación, surgió un fenómeno inesperado. Un par de investigadores de la Universidad de Utah, Jason Watson y David Strayer, publicaron un informe en el que sugerían que algunas personas pueden ser inmunes a los efectos negativos de la multitarea. Los llamaron «supertaskers», que se podría traducir como «superdotados de la multitarea».[15]

Para identificar a aquellas personas que podrían clasificarse en esta categoría, Watson y Strayer pidieron a los participantes que utilizaran un simulador de conducción mientras a través de un teléfono móvil se les solicitaba la realización de otras tareas. Esas otras tareas consistían en recordar una lista de palabras en un orden específico. Para dificultar el ejercicio aún más, cada palabra escondía un problema matemático. El sujeto escuchaba «gato» y a continuación se le preguntaba : «¿es tres dividido por uno menos uno igual a dos?», pasando entonces a escuchar una nueva palabra como «caja». Los participantes tenían que recordar las palabras al tiempo que indicaban si la solución al problema matemático era verdadera o falsa, y todo ello la hacían mientras conducían siguiendo a un coche que frenaba con frecuencia, lo que les obligaba a prestar especial atención a las luces de freno de ese coche y a frenar en consecuencia.

La mayoría de los participantes no obtuvo buenos resultados. De hecho, el 97 por ciento de ellos mostró un rendimiento muy reducido. Si se les pedía conducir o resolver la tarea auditiva por separado, lo hacían bastante bien, pero al tener que hacer ambas cosas a la vez se saturaba su capacidad de atención.

Sin embargo, un pequeño porcentaje de los participantes (el 2,5 por ciento) no pareció ver mermada su capacidad de atención al realizar las tareas adicionales a la conducción. Su rendimiento fue igual de bueno cuando solo conducían, cuando solo resolvían la tarea auditiva y cuando hacían las dos cosas a la vez. En algunos casos, su rendimiento incluso llegó a mejorar en la situación de multitarea.[16]

Estos *supertaskers* parecen desafiar las reglas naturales de la atención. Su foco de atención abarca aparentemente una porción del mundo mucho mayor de la que alcanzamos a abarcar los demás y su cuello de botella atencional es bastante más ancho también. Strayer y Watson —y otros científicos— siguieron estudiando a este grupo de *supertaskers* para tratar de aprender más sobre el cerebro a través de sus capacidades excepcionales de atención.

¿Crees que tú también puedes ser un *supertasker*? No eres el único. La mayoría de nosotros pensamos que somos mejores de lo que somos en la multitarea y esto nos impulsa a practicarla con más frecuencia. Sin embargo, las investigaciones apuntan a que aquellos que más practican la multitarea sorprendentemente suelen ser los peores dotados para ella. Diversos estudios han demostrado que las personas que afirman practicar la multitarea con frecuencia obtienen puntuaciones inferiores en las pruebas de rendimiento después de practicar la multitarea.[17] Esto sugiere que la multitarea es posiblemente la excusa de las personas que se distraen con facilidad y no una capacidad especial de la que estén dotadas.

Solo un 2 por ciento aproximadamente de las personas son *supertaskers*. Si todavía crees que puedes ser uno de ellos, tienes la posibilidad de realizar la prueba creada por Strayer y sus colegas para averiguarlo. Se trata de un test de unos cuarenta minutos de duración y lo encontrarás en www.supertasker.org. También puede servirte para descubrir si eres inmune a los efectos adversos de la multitarea.

Trastorno por déficit de atención e hiperactividad

Al hablar de trastornos de la atención —o de trastornos de la salud en general— resulta difícil encontrar uno que haya generado mayor controversia en las últimas décadas que el trastorno por déficit de atención e hiperactividad (TDAH). El TDAH se caracteriza por síntomas como la falta de atención, la facilidad para distraerse, la incapacidad para centrarse en una tarea o la hiperactividad (inquietud o nerviosismo). Los pacientes que lo sufren pueden mostrar solo uno de estos síntomas, pero su diagnóstico estará igualmente enmarcado dentro del TDAH. En otras palabras, un paciente con problemas de atención será diagnosticado como TDAH a pesar de que no sufre problemas de hiperactividad.

MÉTODOS NATURALES PARA POTENCIAR NUESTRA CAPACIDAD DE ATENCIÓN

¿Buscas un método natural para prolongar tu capacidad de atención? La meditación y el ejercicio físico pueden ser dos buenas opciones. Los estudios sugieren que la meditación *mindfulness*, en un periodo tan corto como dos semanas, logra mejorar el control cognitivo y la capacidad para centrar nuestra atención.[18] Esto tiene sentido si tenemos en cuenta que esta disciplina se basa en el control de la tendencia natural a dejarse distraer por los pensamientos de nuestra mente. De manera similar, el ejercicio físico –pudiendo este ser tan ligero como andar a buen paso– consigue mejorar el rendimiento cognitivo durante un breve periodo de tiempo después de la realización del ejercicio.[19] Cualquiera de estos dos métodos puede ayudarte a evitar ese bajón de tu nivel de atención que suele producirse a media mañana o después de comer.

Gran parte de la controversia alrededor del TDAH se centra en que algunas voces creen que se abusa de este diagnóstico. Esta postura se basa en diversas razones, siendo una de ellas que el diagnóstico del TDAH en niños –el grupo de edad en el que es más frecuente– se realiza a partir de informes indirectos del comportamiento del niño, normalmente proporcionados por sus padres. Estos procesos de identificación de un caso pueden considerarse algo menos fiables y precisos.

Otras voces llegan a afirmar que el TDAH no es realmente un trastorno. Lo consideran más bien un comportamiento normal etiquetado como inadecuado desde el punto de vista social o cultural. Esta perspectiva choca con la posición de la comunidad médica que sí clasifica al TDAH como un trastorno específico del neurodesarrollo.

Otro elemento de debate se refiere al tratamiento farmacológico del TDAH. Este trastorno suele tratarse habitualmente con fármacos estimulantes como las anfetaminas o el metilfenidato (Ritalin). El debate en torno a la medicación se hizo especialmente intenso en la década de 1990, época en la que se generalizó la prescripción de estos tratamientos a niños. La controversia no ha hecho otra cosa que aumentar, y lo hace al mismo ritmo al que aumentaban los casos de niños diagnosticados con TDAH (y medicados). En los Estados Unidos, uno de cada diez niños ha sido diagnosticado con TDAH y uno de cada veinte toma medicación para tratar este trastorno.[20]

El cerebro con TDAH

No se sabe qué ocurre exactamente en el cerebro de los pacientes que sufren TDAH. Se han identificado ciertas diferencias estructurales entre el cerebro de pacientes con TDAH y el de pacientes sanos, pero la relación entre estas diferencias y los síntomas de la enfermedad no está clara. Las hipótesis explicativas de las causas del TDAH se han centrado más bien en la actividad química del cerebro y particularmente en dos neurotransmisores: la dopamina y la norepinefrina.

Estas hipótesis surgieron en la época en la que el TDAH ni siquiera se conocía por este nombre. Era el comienzo de la década de 1970 y se denominaba «disfunción cerebral mínima», una definición extraña que se explica por la creencia en algún tipo de lesión cerebral leve como la causante del trastorno. A pesar de que por aquel entonces no se entendía mucho el problema, los médicos sí sabían que los fármacos como las anfetaminas aliviaban los síntomas del TDAH. Conocían igualmente el mecanismo de actuación de las anfetaminas en el cerebro: elevan los niveles de dopamina y norepinefrina (también de serotonina, aunque en menor grado) en la sinapsis. El metilfenidato, el otro medicamento que se usa para tratar el TDAH, actúa de manera similar incrementando los niveles de dopamina y norepinefrina.

En consecuencia, los investigadores formularon la hipótesis de que si un fármaco que eleva los niveles de dopamina y norepinefrina consigue aliviar los síntomas de este trastorno, lo más probable es que la disminución de los niveles de estos neurotransmisores sea la causa que lo explique. A medida que se estudiaban más casos de TDAH, se fueron acumulando evidencias experimentales que apoyaban esta tesis y los científicos comenzaron a formular una teoría más elaborada sobre el papel de los transmisores en el TDAH, otorgando a la dopamina un papel preponderante.

El planteamiento básico era el siguiente: se necesitan unos niveles moderados de dopamina para que los procesos relacionados con la atención funcionen adecuadamente. Si estos niveles son demasiado bajos, el cerebro tendrá dificultades para centrar su atención en algo. Esto puede provocar que se le dedique demasiada atención a algunos estímulos, a pesar de no ser suficientemente relevantes, fomentando así la distraibilidad del paciente. En los momentos en los que el entorno no genera suficientes estímulos al paciente, este puede tender a compensar la situación volviéndose hiperactivo. Esta hipótesis también se conoce como «teoría de la baja excitación».

De uno u otro modo, esta teoría de la baja excitación ejerció una influencia muy importante en el campo del estudio del TDAH. Sin embargo, como ya vimos en el capítulo 5 al hablar de la depresión, las hipótesis que se centran excesivamente en los niveles de un único neurotransmisor para interpretar un trastorno psiquiátrico en su totalidad suelen ser incapaces de explicar el conjunto de matices que verdaderamente definen las enfermedades mentales humanas.

TDAH, dopamina y todo lo demás

A medida que avanzaron los estudios sobre la dopamina se comenzaron a obtener resultados inconsistentes. Algunos estudios vinculaban el TDAH a niveles bajos de dopamina en ciertas regiones del cerebro, pero en otros no se observó ningún cambio en los niveles de actividad de la dopamina. Finalmente, resultó que otros estudios incluso detectaban un aumento de la actividad dopamínica en relación con el TDAH. [21]

Estos hallazgos acabaron por emborronar definitivamente la teoría de los niveles anormales de dopamina como explicación fundamental del TDAH. A pesar de ello, se siguen recogiendo otras evidencias que apuntan a la influencia de la dopamina sobre la atención y que confirman la eficacia de los fármacos estimulantes a la hora de mejorar los niveles de atención y concentración. En un estudio realizado en 2013 se observó de nuevo que las personas a las que les costaba centrar su atención mostraban niveles bajos de dopamina en ciertas regiones cerebrales y que el metilfenidato conseguía elevar dichos niveles y mejorar las capacidades relacionadas con la atención de los pacientes.[22] Debe destacarse, sin embargo, que el estudio también concluyó que la función dopamínica era similar en pacientes con TDAH y pacientes sanos. Por tanto, a pesar de que el estudio confirma que la dopamina participa en la atención, también sugiere que su nivel reducido no es necesariamente la causa fundamental del TDAH.

Estos resultados también implican que la mejoría experimentada por un paciente con TDAH al suministrársele fármacos estimulantes puede no deberse a una actuación específica que solucione las causas primarias del trastorno. Obviamente, para el paciente no es algo problemático puesto que al menos sus síntomas se ven aliviados. El debate sigue abierto, en cualquier caso, en cuanto a la eficacia de los fármacos frente al TDAH a largo plazo. En algunos estudios se ha establecido que, aunque los fármacos logran mejorar el nivel de atención en las horas posteriores a la ingesta del medicamento, el tratamiento permanente basado en ellos no logra una mejora de las calificaciones escolares y otros indicadores relacionados con el TDAH.[23]

El TDAH nos da una lección más sobre la necesidad de evitar dejarse llevar por el atractivo de las soluciones sencillas. Explicar problemas tan complejos como este centrando las causas en un único neurotransmisor o en una región específica del cerebro implica no ser conscientes de la verdadera complejidad del sistema nervioso. El TDAH puede tener relación con desajustes en los niveles de dopamina, pero la dopamina no explica por sí sola todos los casos. Ay, si el cerebro fuera así de sencillo...

Epílogo

Nuestro conocimiento del cerebro no para de avanzar y –como en cualquier otra disciplina científica– ese avance se realiza a base de correcciones. Pasamos décadas confiando en un paradigma explicativo del funcionamiento del cerebro, pero con el tiempo surgen evidencias que obligan a modificar drásticamente esas ideas. No debemos abordar este proceso de autocorrección continua como algo negativo: es en realidad una de las fortalezas del método científico. A pesar de que no podemos estar seguros de que las conclusiones a las que hemos llegado sobre el cerebro se ajusten a la realidad, sí podemos confiar en que cualquier error que hayamos cometido acabará siendo rectificado gracias a las investigaciones de otros científicos.

Por tanto, a pesar del trabajo minucioso que he realizado para asegurarme de que la información recogida en el libro esté totalmente actualizada, lo más probable es que algunos de los datos que incluyo queden obsoletos pasado un tiempo debido a la evolución de las teorías neurocientíficas. Incluso si toda la información del libro permanece vigente dentro de un tiempo, esta solo cubre una pequeña fracción de lo que sabemos sobre el cerebro. Llevo una década tratando de aprender todo lo que puedo sobre el sistema nervioso, pero sigue habiendo muchas cosas que no logro comprender del todo. Y seguro que hay muchas otras de las que ni siquiera he oído hablar.

Sin embargo, merece la pena el esfuerzo y es probablemente una de las aventuras del conocimiento más fascinantes que se pueden emprender. Te animo a seguir aprendiendo y que este libro solo sea el comienzo de tu aventura. Después vendrá otro libro, y también verás documentales y vídeos. Decídete a estudiar neurociencia en tu universidad o centro de formación. Tú eres tu cerebro, en más de un sentido. ¿Qué mejor forma de entenderse a uno mismo –y entender la cantidad ingente de cosas aparentemente inexplicables que hacemos– que aprendiendo más sobre el órgano del que surge toda nuestra personalidad?

Espero que con este libro haya logrado compartir contigo parte de la fascinación que siento por el cerebro. Ahora te toca a ti emprender la búsqueda de nuevas respuestas a todas las dudas que te surgirán sobre este increíble órgano. Si inicias aquí tus esfuerzos para entender cómo funciona el cerebro, te envidio, puesto que el inicio de este viaje fue para mí el momento intelectual más enriquecedor de mi vida. Si eres un entusiasta de la neurociencia desde hace tiempo y continúas tratando de aprender más sobre el cerebro, comparto contigo tu asombro y entusiasmo inquebrantables. En cualquiera de los dos casos, espero que sigas disfrutando de tu búsqueda del conocimiento neurocientífico y descubras todos los maravillosos tesoros que guarda para nosotros.

Notas bibliográficas

Introducción

1   K. Goldstein, **Zur Lehre von der Motorischen Apraxie**, *Journal fur Psychologie und Neurologie* 11, num. 4/5 (1908), págs. 270-283.

Capítulo 1

1   R. Adolphs, D. Tranel, H. Damasio y A. Damasio, **Impaired Recognition of Emotion in Facial Expressions Following Bilateral Damage to the Human Amygdala**, *Nature* 372, núm. 6507, diciembre de 1994, págs. 669-672.

2   J.S. Feinstein, R. Adolphs, A. Damasio y D. Tranel, **The Human Amygdala and the Induction and Experience of** Fear, *Current Biology* 21, núm. 1, enero de 2011, págs. 34-38.

3   Ibid.

4   C.M. Schumann y D.G. Amaral, **Stereological Estimation of the Number of Neurons in the Human Amygdaloid Complex**, *Journal of Comparative Neurology* 491, núm. 4, octubre de 2005, págs. 320-329.

5   D.J. Lanska, **The Klüver-Bucy Syndrome**, *Frontiers of Neurology and Neuroscience* 41, 2018, págs. 77-89.

6   H. Klüver y P. Bucy, **An Analysis of Certain Effects of Bilateral Temporal Lobectomy in the Rhesus Monkey, with Special Reference to "Psychic Blindness"**, *The Journal of Psychology* 5, núm. 1, enero de 1938, págs. 33-54.

7   A pesar de que los experimentos de Klüver y Bucy son los más conocidos, no fueron los primeros en detectar cambios de este tipo en el comportamiento después de una lesión en el lóbulo temporal. Brown y Schäfer precedieron a Klüver y Bucy en casi cincuenta años. Véase S. Brown y E. Schäfer, **An Investigation into the Functions of the Occipital and Temporal Lobes of the Monkey's Brain**, *Philosophical Transactions of the Royal Society* B 179, 1888, págs. 303–327.

8   L. Weiskrantz, **Behavioral Changes Associated with Ablation of the Amygdaloid Complex in Monkeys**, *Journal of Comparative and Physiological Psychology* 49, núm. 4, Agosto de 1956, págs. 381-391.

9   J.E. LeDoux, P. Cicchetti, A. Xagoraris y L.M. Romanski, **The Lateral Amygdaloid Nucleus: Sensory Interface of the Amygdala in Fear Conditioning**, *Journal of Neuroscience* 10, núm. 4, abril de 1990, págs. 1062-1069.

10 G.J. Quirk, C. Repa y J.E. LeDoux, **Fear Conditioning Enhances Short- Latency Auditory Responses of Lateral Amygdala Neurons: Parallel Recordings in the Freely Behaving Rat**, *Neuron* 15, num. 5, noviembre de 1995, págs. 1029-1039.

11 K.S. LaBar, J.C. Gatenby, J.C. Gore, J.E. LeDoux y E.A. Phelps, **Human Amygdala Activation during Conditioned Fear Acquisition and Extinction: A Mixed- Trial fMRI Study**, *Neuron* 20, núm. 5, mayo de 1998, págs. 937-945.

12　D. Mobbs, R. Yu, J.B. Rowe, H. Eich, O. Feldman Hall y T. Dalgleish, **Neural Activity Associated with Monitoring the Oscillating Threat Value of a Tarantula**, *Proceedings of the National Academy of Sciences of the United States of America* 107, núm. 47, noviembre de 2010, págs. 20582-20586.

13　P.J. Whalen, S.L. Rauch, N.L. Etcoff, S.C. McInerney, M.B. Lee y M.A. Jenike, **Masked Presentations of Emotional Facial Expressions Modulate Amygdala Activity without Explicit Knowledge**, *Journal of Neuroscience* 18, núm. 1, enero de 1998, págs. 411-418.

14　**Boston Legal**, capítulo "Attack of the Xenophobes". Dirigido por J. Terlesky y escrito por D.E. Kelly y C. Turk, *20th Century Fox Television*, 13 de noviembre de 2007.

15　**Capitán América: Civil War**. Película dirigida por A. Russo y J. Russo, *Buena Vista Entertainment*, 2016.

16　M. Gallagher, P.W. Graham y P.C. Holland, **The Amygdala Central Nucleus and Appetitive Pavlovian Conditioning: Lesions Impair One Class of Conditioned Behavior**, *Journal of Neuroscience* 10, núm. 6, junio de 1990, págs. 1906-1911.

17　J.S. Feinstein, C. Buzza, R. Hurlemann, R.L. Follmer, N.S. Dahdaleh, W.H. Coryell, M.J. Welsh, D. Tranel y J.A. Wemmie, **Fear and Panic in Humans with Bilateral Amygdala Damage**, *Nature Neuroscience* 16, núm. 3, marzo de 2013, págs. 270-272.

18　B. Becker, Y. Mihov, D. Scheele, K.M. Kendrick, J.S. Feinstein, A. Matusch, M. Aydin, et al., **Fear Processing and Social Networking in the Absence of a Functional Amygdala**, *Biological Psychiatry* 72, núm. 1, julio de 2012, págs. 70-77.

19　S.A. Freedman, H.G. Hoffman, A. Garcia- Palacios, P.L. Tamar Weiss, S. Avitzour y N. Josman, **Prolonged Exposure and Virtual Reality- Enhanced Imaginal Exposure for PTSD Following a Terrorist Bulldozer Attack: A Case Study**, *Cyberpsychology, Behavior, and Social Networking* 13, núm. 1, febrero de 2010, págs. 95-101.

20　I. Liberzon, S.F. Taylor, R. Amdur, T.D. Jung, K.R. Chamberlain, S. Minoshima, R.A. Koeppe y L.M. Fig, **Brain Activation in PTSD in Response to Trauma- Related Stimuli**, *Biological Psychiatry* 45, núm. 7, abril de 1999, págs. 817-826.

21　L.M. Shin, C.I. Wright, P.A. Cannistraro, M.M. Wedig, K. McMullin, B. Martis, M.L. Macklin, et al., **A Functional Magnetic Resonance Imaging Study of Amygdala and Medial Prefrontal Cortex Responses to Overtly Presented Fearful Faces in Posttraumatic Stress Disorder**, *Archives of General Psychiatry* 62, núm. 3, marzo de 2005, págs. 273-281.

CAPÍTULO 2

1　E.S. Parker, L. Cahill, and J.L. McGaugh, **A Case of Unusual Autobiographical Remembering**, *Neurocase* 12, núm. 1, febrero de 2006, págs. 35-49.

2　Ibid.

3　Ibid.

4　Ibid.

5　S. Dice, **Aplysia californica**, University of Michigan Museum of Zoology, último acceso en marzo de 2024, disponible en: https://animaldiversity.org/accounts/Aplysia_californica/

6　D. Wearing, **Forever Today: A Memoir of Love and Amnesia**, Double-day, 2005.

7　M.A. Wilson y B.L. McNaughton, **Reactivation of Hippocampal Ensemble Memories during Sleep**, *Science* 265, núm. 5172, julio de 1994, págs. 676-679.

8　Centers for Disease Control and Prevention, **Life Expectancy at Birth, by Race and Sex, Selected Years 1929-98**, *National Vital Statistics Reports* 50, núm. 6, agosto de 2017, págs. 1-64.

9　Alzheimer's Association, **2018 Alzheimer's Disease Facts and Figures**, *Alzheimer's & Dementia* 14, núm. 3, 2018, págs. 367-429.

10　G. Chêne, A. Beiser, R. Au, S.R. Preis, P.A. Wolf, C. Dufouil y S. Seshadri, **Gender and Incidence of Dementia in the Framingham Heart Study from Mid- Adult Life**, *Alzheimer's & Dementia* 11, núm. 3, marzo de 2015, págs. 310- 320.

11 D.J. Simons, W.R. Boot, N. Charness, S.E. Gathercole, C.F. Chabris, D.Z. Hambrick y E.A. Stine- Morrow, **Do 'Brain- Training' Programs Work?**, *Psychological Science in the Public Interest* 17, núm. 3, octubre de 2016, págs. 103- 186.

12 H. Forstl y A. Kurz, **Clinical Features of Alzheimer's Disease**, *European Archives of Psychiatry and Clinical Neuroscience* 249, núm. 6, diciembre de 1999, págs. 288– 290.

13 P. Giannakopoulos, F.R. Herrmann, T. Bussière, C. Bouras, E. Kövari, D.P. Perl, J.H. Morrison, G. Gold y P.R. Hof, **Tangle and Neuron Numbers, but Not Amyloid Load, Predict Cognitive Status in Alzheimer's Disease**, *Neurology* 60, núm. 9, mayo de 2003, págs. 1495-1500.

CAPÍTULO 3

1   E. Lugaresi, R. Medori, P. Montagna, A. Baruzzi, P. Cortelli, A. Lugaresi, P. Tinuper, M. Zucconi y P. Gambetti, **Fatal Familial Insomnia and Dysautonomia with Selective Degeneration of Thalamic Nuclei**, *New England Journal of Medicine* 315, núm. 16, octubre de 1986, págs. 997-1003.

2   L. Cracco, B.S. Appleby y P. Gambetti, **Fatal Familial Insomnia and Sporadic Fatal Insomnia**, *Handbook of Clinical Neurology* 153, 2018, págs 271-299.

3   L. Xie, H. Kang, Q. Xu, M.J. Chen, Y. Liao, M. Thiyagarajan, J. O'Donnell, et al., **Sleep Drives Metabolite Clearance from the Adult Brain**, *Science* 342, núm. 6156, octubre de 2013, págs. 373-377.

4   R. Ginzberg, **Three Years with Hans Berger: A Contribution to His Biography**, *Journal of the History of Medicine and Allied Sciences* 4, núm. 1, 1949, págs 361-371.

5   D. Millett, **Hans Berger: From Psychic Energy to the EEG**, *Perspectives in Biology and Medicine* 44, núm. 4, otoño de 2001, págs. 522-542.

6   L. Leclair- Visonneau, D. Oudiette, B. Gaymard, S. Leu- Semenescu y I. Arnulf, **Do the Eyes Scan Dream Images during Rapid Eye Movement Sleep?, Evidence from the Rapid Eye Movement Sleep Behaviour Disorder Model**, *Brain* 133, núm. 6, junio de 2010, págs. 1737-1746.

7   C.D. Clemente y M.B. Sterman, **Limbic and Other Forebrain Mechanisms in Sleep Induction and Behavioral Inhibition**, *Progress in Brain Research* 27, 1967, págs. 34-47.

8   M.J. McGinty y M.B. Sterman, **Sleep Suppression After Basal Forebrain Lesions in the Cat**, *Science* 160, núm. 3833, junio de 1968, págs. 1253-1255.

9   G. Moruzzi, H.W. Magoun, **Brain Stem Reticular Formation and Activation of the EEG**, *The Journal of Neuropsychiatry and Clinical Neurosciences* 7, núm. 2, primavera de 1995, págs. 251-267.

10 H.H. Webster y B.E. Jones, **Neurotoxic Lesions of the Dorsolateral Pontomesencephalic Tegmentum-Cholinergic Cell Area in the Cat. II. Effects upon Sleep- Waking States**, *Brain Research* 458, núm. 2, agosto de 1988, págs. 285-302.

11 M. Thakkar, C. Portas y R.W. McCarley, **Chronic Low-Amplitude Electrical Stimulation of the Laterodorsal Tegmental Nucleus of Freely Moving Cats Increases REM Sleep**, *Brain Research* 723, núm. 1-2, junio de 1996, págs. 223-227.

12 L. Lin, J. Faraco, R. Li, H. Kadotani, W. Rogers, X. Lin, X. Qiu, P.J. de Jong, S. Nishino y E. Mignot, **The Sleep Disorder Canine Narcolepsy Is Caused by a Mutation in the Hypocretin (Orexin) Receptor 2 Gene**, *Cell* 98, núm. 3, agosto de 1999, págs. 365-376.

13 T.C. Thannickal, R.Y. Moore, R. Nienhuis, L. Ramanathan, S. Gulyani, M. Aldrich, M. Cornford y J.M. Siegel, **Reduced Number of Hypocretin Neurons in Human Narcolepsy**, *Neuron* 27, núm. 3, septiembre de 2000, págs. 469-474.

14 A.M. Chang, D. Aeschbach, J.F. Duffy y C.A. Czeisler, **Evening Use of Light- Emitting Ereaders Negatively Affects Sleep, Circadian Timing, and Next- Morning Alertness**, *Proceedings of the National Academy of Sciences of the United States of America* 112, núm. 4, enero de 2015, págs. 1232-1237.

15 F.K. Stephan y I. Zucker, **Circadian Rhythms in Drinking Behavior and Locomotor Activity of Rats are Eliminated by Hypothalamic Lesions**, *Proceedings of the National Academy of Sciences of the United States of America* 69, núm. 6, junio de 1972, págs. 1583-1586.

16 D.C. Mitchell, C.A. Knight, J. Hockenberry, R. Teplansky y T.J. Hartman, **Beverage Caffeine Intakes in the U.S.**, *Food and Chemical Toxicology* 63, enero de 2014, págs. 136-142.

17 E.S. Ford, T.J. Cunningham, W.H. Giles y J.B. Croft, **Trends in Insomnia and Excessive Daytime Sleepiness among U.S. Adults from 2002 to 2012**, *Sleep Medicine* 16, núm. 3, marzo de 2015, págs. 372-378.

18 A. Aldridge, J. Bailey y A.H. Neims, **The Disposition of Caffeine during and after Pregnancy**, *Seminars in Perinatology* 5, núm. 4, octubre de 1981, págs. 310-314.

19 C. Drake, T. Roehrs, J. Shambroom y T. Roth, **Caffeine Effects on Sleep Taken 0, 3, or 6 Hours before Going to Bed**, *Journal of Clinical Sleep Medicine* 9, núm. 11, noviembre de 2013, págs. 1195-1200.

20 E. Ferracioli- Oda, A. Qawasmi y M.H. Bloch, **Meta-Analysis: Melatonin for the Treatment of Primary Sleep Disorders**, *PLoS One* 8, núm. 5, mayo de 2013, e63773.

21 H.P. Landolt, E. Werth, A.A. Borbély y D.J. Dijk, **Caffeine Intake (200 Mg) in the Morning Affects Human Sleep and EEG Power Spectra at Night**, *Brain Research* 675, núm. 1-2, marzo de 1995, págs. 67-74.

Capítulo 4

1 M. Takeda, H. Tachibana, N. Shibuya, Y. Nakajima, B. Okuda, M. Sugita y H. Tanaka, **Pure Anomic Aphasia Caused by a Subcortical Hemorrhage in the Left Temporo-Parieto-Occipital Lobe**, *Internal Medicine Journal* 38, núm. 3, marzo de 1999, págs. 293-295.

2 J.S. Johnson y E.L. Newport, **Critical Period Effects in Second Language Learning: The Influence of Maturational State on the Acquisition of English as a Second Language**, *Cognitive Psychology* 21, núm. 1, enero de 1989, págs. 60-99.

3 J.K. Hartshorne, J.B. Tenenbaum y S. Pinker, **A Critical Period for Second Language Acquisition: Evidence from 2/3 Million English Speakers**, *Cognition* 177, agosto de 2018, págs. 263-277.

4 M. Brysbaert, M. Stevens, P. Mandera y E. Keuleers, **How Many Words Do We Know? Practical Estimates of Vocabulary Size Dependent on Word Definition, the Degree of Language Input and the Participant's Age**, *Frontiers in Psychology* 7, julio de 2016, pág. 1116.

5 P. Broca, **Remarks on the Seat of the Faculty of Articulated Language, Following an Observation of Aphemia (Loss of Speech)**, *Bulletin de la Société Anatomique* 6, 1861, págs. 330-357.

6 K. Amunts, A. Schleicher, U. Bürgel, H. Mohlberg, H.B. Uylings y K. Zilles, **Broca's Region Revisited: Cytoarchitecture and Intersubject Variability**, *Journal of Comparative Neurology* 412, núm. 2, 1999, págs. 319-341.

7 M.S. Gazzaniga y R.W. Sperry, **Language after Section of the Cerebral Commissures**, *Brain* 90, núm. 1, marzo de 1967, págs. 131-148.

8 T. Rasmussen y B. Milner, **Clinical and Surgical Studies of the Cerebral Speech Areas in Man**, incluido en *Cerebral localization* (eds. K.J. Zulch, O. Creutzfeld y G.C. Galbraith), Springer- Verlag, 1975, págs. 238–257.

9 A.K. Lindell, **In Your Right Mind: Right Hemisphere Contributions to Language Processing and Production**, *Neuropsychol Review* 16, núm. 3, septiembre de 2006, págs. 131-148.

10 N. Geschwind, **The Organization of Language and the Brain**, *Science* 170, núm. 3961, noviembre de 1970, págs. 940-944.

11 P. Tremblay y A.S. Dick, **Broca and Wernicke are Dead, or Moving Past the Classic Model of Language Neurobiology**, *Brain and Language* 162, noviembre de 2016, págs. 60-71.

12 A. Cooke, E.B. Zurif, C. DeVita, D. Alsop, P. Koenig, J. Detre, J. Gee, M. Piñango, J. Balogh y M. Grossman, **Neural Basis for Sentence Comprehension: Grammatical and Short-Term Memory Components**, *Human Brain Mapping* 15, núm. 2, febrero de 2002, págs. 80-94.

13 N. Nishitani, M. Schürmann, K. Amunts y R. Hari, **Broca's Region: From Action to Language**, *Physiology (Bethesda)* 20, febrero de 2005, págs. 60-69.

14 J.R. Binder, **The Wernicke Area: Modern Evidence and a Reinterpretation**, *Neurology* 85, núm. 24, diciembre de 2015, págs. 2170-2175.

15 Tremblay y Dick, **Broca and Wernicke are Dead**, págs. 60-71.

16 V. Fromkin, S. Krashen, S. Curtiss, D. Rigler y M. Rigler, **The Development of Language in Genie: A Case of Language Acquisition Beyond the 'Critical Period'**, *Brain and Language* 1, 1974, págs. 81-107.

17 M. Dapretto y E.L. Bjork, **The Development of Word Retrieval Abilities in the Second Year and Its Relation to Early Vocabulary Growth**, *Child Development* 71, núm. 3, mayo-junio de 2000, págs. 635-648.

18 J.S. Johnson y E.L. Newport, **Critical Period Effects in Second Language Learning: The Influence of Maturational State on the Acquisition of English as a Second Language**, *Cognitive Psychology* 21, núm. 1, enero de 1989, págs.60-99.

19 Ibid.

20 O. Adesope, T. Lavin, T. Thompson y C. Ungerleider, **A Systematic Review and Meta-Analysis of the Cognitive Correlates of Bilingualism**, *Review of Educational Research* 80, núm. 2, 2010, págs. 207-245.

21 E. Bialystok, F.L. Craik y M. Freedman, **Bilingualism as a Protection against the Onset of Symptoms of Dementia**, *Neuropsychologia* 45, 2007, págs. 459-464.

22 P.K. Kuhl, F.M. Tsao y H.M. Liu, **Foreign-Language Experience in Infancy: Effects of Short-Term Exposure and Social Interaction on Phonetic Learning**, *Proceedings of the National Academy of Sciences of the United States of America* 100, núm. 15, julio de 2003, págs. 9096-9101.

Capítulo 5

1 A. Dolan, **Always Smiling, the Stroke Patient Who Can't Feel Sad**, *The Daily Mail*, 12 de agosto de 2013, aparecido en la sección "Health" (Salud), disponible en: https://www.dailymail.co.uk/health/article-2389891/Always-smiling-stroke-patient-feel-sad-Condition-leaves-Grandfather-permanently-happy-prone-fits-giggles-inappropriate-times.html

2 D.J. Felleman y D.C. Van Essen, **Distributed Hierarchical Processing in the Primate Cerebral Cortex**, *Cerebral Cortex* 1, núm. 1, 1991, págs. 1-47.

3 P. Broca, **Comparative Anatomy of the Cerebral Convolutions: The Great Limbic Lobe and the Limbic Fissure in the Mammalian Series**, *Journal of Comparative Neurology* 523, núm. 17, diciembre de 2015, págs. 2501-2554.

4 J.W. Papez, **A Proposed Mechanism of Emotion**, *Archives of Neurology and Psychiatry* 38, 1937, págs. 725–743.

5 P.D. MacLean, **Some Psychiatric Implications of Physiological Studies on Frontotemporal Portion of Limbic System (Visceral Brain)**, *Electroencephalography and Clinical Neurophysiology* 4, núm. 4, noviembre de 1952, págs. 407-418.

6 M.S. George, T.A. Ketter, P.I. Parekh, B. Horwitz, P. Herscovitch y R.M. Post, **Brain Activity during Transient Sadness and Happiness in Healthy Women**, *American Journal of Psychiatry* 152, núm. 3, marzo de 1995, págs. 341-351.

7 H.S. Mayberg, M. Liotti, S.K. Brannan, S. McGinnis, R.K. Mahurin, P.A. Jerabek, J.A. Silva, et al., **Reciprocal Limbic-Cortical Function and Negative Mood: Converging PET Findings in Depression and Normal Sadness**, *American Journal of Psychiatry* 156, núm. 5, mayo de 1999, págs. 675-682.

8 P.E. Greenberg, R.C. Kessler, H.G. Birnbaum, S.A. Leong, S.W. Lowe, P.A. Berglund y P.K. Corey- Lisle, **The Economic Burden of Depression in the United States: How Did It Change between 1990 and 2000?**, *Journal of Clinical Psychiatry* 64, núm. 12, diciembre de 2003, págs. 1465-1475.

9 B. Voinov, W.D. Richie y R.K. Bailey, **Depression and Chronic Diseases: It Is Time for a Synergistic Mental Health and Primary Care Approach**, *The Primary Care Companion for CNS Disorders* 15, núm. 2, 2013, PCC.12r01468.

10   A. Mykletun, O. Bjerkeset, S. Overland, M. Prince, M. Dewey y R. Stewart, **Levels of Anxiety and Depression as Predictors of Mortality: The HUNT Study**, *British Journal of Psychiatry* 195, núm. 2, agosto de 2009, págs. 118-125.

11   E.A. Osuch, T.A. Ketter, T.A. Kimbrell, M.S. George, B.E. Benson, M.W. Willis, P. Herscovitch y R.M. Post, **Regional Cerebral Metabolism Associated with Anxiety Symptoms in Affective Disorder Patients**, *Biological Psychiatry* 48, núm. 10, noviembre de 2000, págs. 1020-1023.

12   Mayberg et al., **Reciprocal Limbic-Cortical Function and Negative Mood**, págs. 675-682.

13   T. Hajek, J. Kozeny, M. Kopecek, M. Alda y C. Höschl, **Reduced Subgenual Cingulate Volumes in Mood Disorders: A Meta-Analysis**, *Journal of Psychiatry & Neuroscience* 33, núm. 2, marzo de 2008, págs. 91-99.

14   D.L. Dunner, A.J. Rush, J.M. Russell, M. Burke, S. Woodard, P. Wingard y J. Allen, **Prospective, Long- Term, Multicenter Study of the Naturalistic Outcomes of Patients with Treatment-Resistant Depression**, *Journal of Clinical Psychiatry* 67, 2006, págs. 688-695.

15   M.T. Berlim, A. McGirr, F. Van den Eynde, M.P. Fleck y P. Giacobbe, **Effectiveness and Acceptability of Deep Brain Stimulation (DBS) of the Subgenual Cingulate Cortex for Treatment-Resistant Depression: A Systematic Review and Exploratory Meta-Analysis**, *Journal of Affective Disorders* 159, abril de 2014, págs. 31-38.

16   K.S. Choi, P. Riva- Posse, R.E. Gross y H.S. Mayberg, **Mapping the 'Depression Switch' during Intraoperative Testing of Subcallosal Cingulate Deep Brain Stimulation**, *JAMA Neurology* 72, núm. 11, noviembre de 2015, págs. 1252-1260.

17   Ibid.

18   B.H. Bewernick, S. Kayser, V. Sturm y T.E. Schlaepfer, **Long- Term Effects of Nucleus Accumbens Deep Brain Stimulation in Treatment- Resistant Depression: Evidence for Sustained Efficacy**, *Neuropsychopharmacology* 37, núm. 9, agosto de 2012, págs. 1975-1985.

19   J.L. Price y W.C. Drevets, **Neural Circuits Underlying the Pathophysiology of Mood Disorders**, *Trends in Cognitive Sciences* 16, núm. 1, enero de 2012, págs. 61-71.

20   G.M. Cooney, K. Dwan, C.A. Greig, D.A. Lawlor, J. Rimer, F.R. Waugh, M. McMurdo y G.E. Mead, **Exercise for Depression**, *The Cochrane Database of Systematic Reviews* 12, núm. 9, septiembre de 2013, CD004366.

21   Citado en F. López-Muñoz y C. Álamo, **Monoaminergic Neurotransmission: The History of the Discovery of Antidepressants from 1950s Until Today**, *Current Pharmaceutical Design* 15, 2009, págs. 1563-1586.

22   E. Shorter, **A History of Psychiatry: From the Era of the Asylum to the Age of Prozac**, John Wiley & Sons, Inc., 1997.

23   National Center for Health Statistics, Health, **United States, 2010: With Special Feature on Death and Dying**, informe de febrero de 2011.

24   P.D. Kramer, **Listening to Prozac: A Psychiatrist Explores Antidepressant Drugs and the Remaking of the Self**, Penguin Books, 1993.

25   R. Invernizzi, C. Velasco, M. Bramante, A. Longo, y R. Samanin, **Effect of 5-HT1A Receptor Antagonists on Citalopram- Induced Increase in Extracellular Serotonin in the Frontal Cortex, Striatum and Dorsal Hippocampus**, *Neuropharmacology* 36, núm. 4-5, 1997, págs. 467-473.

26   G.R. Heninger, P.L. Delgado y D.S. Charney, **The Revised Monoamine Theory of Depression: A Modulatory Role for Monoamines, Based on New Findings from Monoamine Depletion Experiments in Humans**, *Pharmacopsychiatry* 29, núm. 1, 1996, págs. 2-11.

27   I. Kirsch, B.J. Deacon, T.B. Huedo- Medina, A. Scoboria, T.J. Moore y B.T. Johnson, **Initial Severity and Antidepressant Benefits: A Meta-Analysis of Data Submitted to the Food and Drug Administration**," *PLoS Medicine* 5, núm. 2, 2008, e4. Debe precisarse que se trata de un campo de estudio controvertido. Las investigaciones de Kirsch et al. han recibido numerosas críticas. Desde la publicación de este estudio en 2008 han

surgido numerosas evidencias que apoyan y contradicen las conclusiones de Kirsch et al., pero lo cierto es que incluso los estudios que consideran eficaces a los antidepresivos suelen solo detectar efectos modestos.

28 X. Wang, L. Zhang, Y. Lei, X. Liu, X. Zhou, Y. Liu, M. Wang, et al., **Meta-Analysis of Infectious Agents and Depression**, *Scientific Reports* 4, 2014, pág. 4530.

29 M. Lucas, F. Mirzaei, A. Pan, O.I. Okereke, W.C. Willett, E.J. O'Reilly, K. Koenen y A. Ascherio, **Coffee, Caffeine, and Risk of Depression among Women**, *Archives of Internal Medicine* 171, núm. 17, septiembre de 2011, págs. 1571-1578.

30 H. Hedegaard, S.C. Curtin y M. Warner, **Suicide Mortality in the United States, 1999-2017**, *NCHS Data Brief* 330, noviembre de 2018, págs. 1-7.

Capítulo 6

1   J. Cole, **Pride and a Daily Marathon**, The MIT Press, 1991.

2   G. Fritsch y E. Hitzig, **Electric Excitability of the Cerebrum (Uber die elektrische Erregbarkeit des Grosshirns)**, *Epilepsy & Behavior* 15, núm. 2, junio de 2009, págs. 123-130.

3   M. Omrani, M.T. Kaufman, N.G. Hatsopoulos y P.D. Cheney, **Perspectives on Classical Controversies about the Motor Cortex**, *Journal of Neurophysiology* 118, núm. 3, septiembre de 2017, págs. 1828-1848.

4   F.A. Azevedo, L.R. Carvalho, L.T. Grinberg, J.M. Farfel, R.E. Ferretti, R.E. Leite, W. Jacob Filho, R. Lent y S. Herculano-Houzel, **Equal Numbers of Neuronal and Nonneuronal Cells Make the Human Brain an Isometrically Scaled-Up Primate Brain**, *Journal of Comparative Neurology* 513, núm. 5, abril de 2009, págs. 532-541.

5   H.C. Cheng, C.M. Ulane y R.E. Burke, **Clinical Progression in Parkinson Disease and the Neurobiology of Axons**, *Annals of Neurology* 67, núm. 6, junio de 2010, págs. 715-725.

6   C.A. Davie, **A Review of Parkinson's Disease**, *British Medical Bulletin* 86, 2008, págs. 109-127.

7   J. Costa, N. Lunet, C. Santos, J. Santos y A. Vaz- Carneiro, **Caffeine Exposure and the Risk of Parkinson's Disease: A Systematic Review and Meta- Analysis of Observational Studies**, *Journal of Alzheimer's Disease* 20, supl. 1, 2010, págs. S221-S238.

8   M.A. Hernán, B. Takkouche, F. Caamaño-Isorna y J.J. Gestal-Otero, **A Meta-Analysis of Coffee Drinking, Cigarette Smoking, and the Risk of Parkinson's Disease**, *Annals of Neurology* 52, núm. 3, septiembre de 2002, págs. 276-284.

9   Y. Misu y Y. Goshima, **Is L-dopa an Endogenous Neurotransmitter?**, *Trends in Pharmacological Sciences* 14, núm. 4, abril de 1993, págs. 119-123.

10 T.A. Newcomer, P.A. Rosenberg y E. Aizenman, **Iron-Mediated Oxidation of 3,4-Dihydroxyphenylalanine to an Excitotoxin**, *Journal of Neurochemistry* 64, núm. 4, 1995, págs. 1742-1748.

11 G. Porras, P. De Deurwaerdere, Q. Li, M. Marti, R. Morgenstern, R. Sohr, E. Bezard, M. Morari y W.G. Meissnera, **L-Dopa-Induced Dyskinesia: Beyond an Excessive Dopamine Tone In the Striatum**, *Scientific Reports* 4, 2014, pág. 3730.

Capítulo 7

1   A.L. Díaz, **Do I Know You? A Case Study Of Prosopagnosia (Face Blindness)**, *The Journal of School Nursing* 24, núm. 5, octubre de 2008, págs. 284-289.

2   I. Kennerknecht, T. Grueter, B. Welling, S. Wentzek, J. Horst, S. Edwards y M. Grueter, **First Report of Prevalence of Non- Syndromic Hereditary Prosopagnosia (HPA)**, *American Journal of Medical Genetics Part A* 140, núm. 15, agosto de 2006, págs. 1617-1622.

3   J.J.S. Barton y S.L. Corrow, **The Problem of Being Bad at Faces**, *Neuropsychologia* 89, agosto de 2016, págs. 119-124.

4   M. Tomasello, B. Hare, H. Lehmann y J. Call, **Reliance on Head Versus Eyes in the Gaze Following of Great Apes and Human Infants: The Cooperative Eye Hypothesis**, *Journal of Human Evolution* 52, núm. 3, marzo de 2007, págs. 314-320.

5   K. Koch, J. McLean, R. Segev, M.A. Freed, M.J. Berry, II, V. Balasubramanian y P. Sterling, **How Much the Eye Tells the Brain**, *Current Biology* 16, núm. 14, julio de 2006, págs. 1428-1434.

6   National Eye Institute, **Facts about Color Blindness**, última actualización de noviembre de 2023, disponible en: https://nei.nih.gov/health/color_blindness/facts_about.

7   M. Siniscalchi, S. d'Ingeo, S. Fornelli y A. Quaranta, **Are Dogs Red-Green Colour Blind?**, *Royal Society Open Science* 4, núm. 11, noviembre de 2017, 170869.

8   W.C. Gibson, **Pioneers in Localization of Function in the Brain**, *Journal of the American Medical Association* 180, junio de 1962, págs. 944-951.

9   S. Finger, **Origins of Neuroscience**, Oxford University Press, 1994.

10 J. Zihl, D. von Cramon y N. Mai, **Selective Disturbance of Movement Vision aft er Bilateral Brain Damage**, *Brain* 106, pt. 2, junio de 1983, págs. 313-340.

11 J. Zihl y C.A. Heywood, **The Contribution of LM to the Neuroscience of Movement Vision**, *Frontiers in Integrative Neuroscience* 9, febrero de 2015, pág. 6.

12 I. Gauthier, P. Skudlarski, J.C. Gore y A.W. Anderson, **Expertise for Cars and Birds Recruits Brain Areas Involved in Face Recognition**, *Nature Neuroscience* 3, núm. 2, febrero de2000, págs. 191-197.

13 E.M. Caves, N.C. Brandley y S. Johnsen, **Visual Acuity and the Evolution of Signals**, *Trends in Ecology & Evolution* 33, núm. 5, mayo de 2018, págs. 358-372.

14 B.W. Rovner y R.J. Casten, **Activity Loss and Depression in Age-Related Macular Degeneration**, *American Journal of Geriatric Psychiatry* 10, núm. 3, mayo-junio de 2002, págs. 305-310.

15 A. Moos y J. Trouvain, **Comprehension of Ultra-Fast Speech – Blind Vs. 'Normally Hearing' Persons**, *Proceedings of the 16th International Congress of Phonetic Sciences*, agosto de 2007, págs. 677-680.

16 A. Gordon, **Echoes of an Angel: The Miraculous True Story of a Boy Who Lost His Eyes but Could Still See**, Tyndale Momentum, 2014.

17 J.J. Chen, H.F. Chang, Y.C. Hsu y D.L. Chen, **Anton-Babinski Syndrome in an Old Patient: A Case Report and Literature Review**, *Psychogeriatrics* 15, núm. 1, marzo de 2015, págs. 58-61.

18 N. Kim, D. Anbarasan y J. Howard, **Anton Syndrome as a Result of MS Exacerbation**, *Neurology Clinical Practice* 7, núm. 2, abril de 2017, e19-e22.

CAPÍTULO 8

1   B.P. Kolla, M.P. Mansukhani, R. Barraza yJ.M. Bostwick, **Impact of Dopamine Agonists on Compulsive Behaviors: A Case Series of Pramipexole-Induced Pathological Gambling**, *Psychosomatics* 51, núm. 3, mayo-junio de 2010, págs. 271-273.

2   J. Olds, **Pleasure Centers in the Brain**, *Scientific American* 195, núm. 4, octubre de 1956, págs. 105-117.

3   H. De Wit y R.A. Wise, **Blockade of Cocaine Reinforcement In Rats with the Dopamine Receptor Blocker Pimozide, but Not with the Noradrenergic Blockers Phentolamine or Phenoxybenzamine**, *Canadian Journal of Psychology* 31, núm. 4, diciembre de 1977, págs. 195-203.

4   G. Di Chiara y A. Imperato, **Drugs Abused by Humans Preferentially Increase Synaptic Dopamine Concentrations in the Mesolimbic System of Freely Moving Rats**, *Proceedings of the National Academy of Sciences of the United States of America* 85, núm. 14, julio de 1988, págs. 5274-5278.

5   R.A. Wise, **The Dopamine Synapse and the Notion of 'Pleasure Centers' in the Brain**, *Trends in Neurosciences* 3, núm. 4, 1980, págs. 91-95.

6   J.M. Nash, **Addicted: Why Do People Get Hooked?**, *Time* 149, núm. 18, mayo de 1997.

7   En ratas es posible conocer las preferencias gustativas de estos animales observando atentamente sus expresiones faciales. Si algo no les gusta, como puede ser una solución amarga, suelen dejar su boca abierta y mueven repetidas veces la cabeza hacia delante y hacia atrás. Si algo les gusta, suele sacar la lengua repetidamente, como si se relamieran.

Es curioso que los niños humanos también reaccionan de manera similar a los sabores agradables y desagradables. Véase, por ejemplo, K.C. Berridge y T.E. Robinson, **What Is the Role of Dopamine in Reward: Hedonic Impact, Reward Learning, or Incentive Salience?**, *Brain Research Reviews* 28, núm. 3, diciembre de 1998, págs. 309-369.

8   L.H. Brauer y H. DeWit, **High Dose Pimozide Does Not Block Amphetamine-Induced Euphoria in Normal Volunteers**, *Pharmacology, Biochemistry, and Behavior* 56, núm. 2, febrero de 1997, págs. 265-272.

9   M. Pignatelli y A. Bonci, **Role of Dopamine Neurons in Reward and Aversion: A Synaptic Plasticity Perspective**, *Neuron* 86, núm. 5, junio de 2015, págs. 1145-1157.

10 J.E. Painter y J. North, **Effects of Visibility and Convenience on Snack Food Consumption**, *Journal of the American Dietetic Association* 103, supl. 9, septiembre de 2003, págs 166-167.

11 D.J. Nutt, A. Lingford- Hughes, D. Erritzoe y P.R. Stokes, **The Dopamine Theory of Addiction: 40 Years of Highs and Lows**, *Nature Reviews Neuroscience* 16, núm. 5, mayo de 2015, págs. 305-312.

12 K.G. Berridge y M.L. Kringelbach, **Pleasure Systems in the Brain**, *Neuron* 86, núm. 3, mayo de 2015, págs. 646-664.

13 Ibid.

14 D.C. Castro y K.C. Berridge, **Opioid Hedonic Hotspot in Nucleus Accumbens Shell: Mu, Delta, and Kappa Maps for Enhancement of Sweetness 'Liking' and 'Wanting'**, *Journal of Neuroscience* 34, núm. 12, marzo de 2014, págs. 4239-4250.

15 National Institute on Drug Abuse, **Nationwide Trends**, última actualización de diciembre de 2022, disponible en: https://www.drugabuse.gov/publications/drugfacts/nationwide-trends.

16 S. Sussman, N. Lisha y M. Griffiths, **Prevalence of the Addictions: A Problem of the Majority or the Minority?**, *Evaluation & the Health Professions* 34, núm. 1, marzo de 2011, págs. 3-56.

17 Substance Abuse and Mental Health Services Administration, **Key Substance Use and Mental Health Indicators in the United States: Results from the 2016 National Survey on Drug Use and Health**, Center for Behavioral Health Statistics and Quality, 2017.

18 Sussman et al., **Prevalence of the Addictions**, págs. 3-56.

19 National Institute on Drug Abuse, **Overdose Death Rates**, última actualización de junio de 2023, https://www.drugabuse.gov/related-topics/trends-statistics/overdose-death-rates.

20 T.E. Robinson y B. Kolb, **Structural Plasticity Associated with Exposure to Drugs of Abuse**, *Neuropharmacology* 47, supl. 1, 2004, págs. 33-46.

21 A.R. Childress, R.N. Ehrman, Z. Wang, Y. Li, N. Sciortino, J. Hakun, W. Jens, et al., **Prelude to Passion: Limbic Activation by 'Unseen' Drug and Sexual Cues**, *PLoS One* 3, núm. 1, enero de 2008, e1506.

22 M. Muraven, **Practicing Self-Control Lowers the Risk of Smoking Lapse**, *Psychology of Addictive Behaviors* 24, núm. 3, septiembre de 2010, págs. 446-452.

23 R.Z. Goldstein y N.D. Volkow, **Dysfunction of the Prefrontal Cortex in Addiction: Neuroimaging Findings and Clinical Implications**, *Nature Reviews Neuroscience* 12, núm. 11, octubre de 2011, págs. 652-669.

24 G.F. Koob y N.D. Volkow, **Neurobiology of Addiction: A Neurocircuitry Analysis**, *Lancet Psychiatry* 3, núm. 8, agosto de 2016, págs. 760-773.

25 C. López-Quintero, D.S. Hasin, J.P. de Los Cobos, A. Pines, S. Wang, B.F. Grant y C. Blanco, **Probability and Predictors of Remission from Life-Time Nicotine, Alcohol, Cannabis or Cocaine Dependence: Results from the National Epidemiologic Survey on Alcohol and Related Conditions**, *Addiction* 106, núm. 3, marzo de 2011, págs. 657-669.

CAPÍTULO 9

1   **A Life Without Pain**. Película documental dirigida por M. Gilbert. Frozen Feet Films, 2015.

2   J.J. Cox, F. Reimann, A.K. Nicholas, G. Thornton, E. Roberts, K. Springell, G. Karbani, et al., **An SCN9A Channelopathy Causes Congenital Inability to Experience Pain**, *Nature* 444, núm. 7121, diciembre de 2006, págs. 894-898.

3   M. Berthier, S. Starkstein y R. Leiguarda, **Asymbolia for Pain: A Sensory-Limbic Disconnection Syndrome**, *Annals of Neurology* 24, núm. 1, julio de 1988, págs. 41-49.

4   H.K. Beecher, **Relationship of Significance of Wound to Pain Experienced**, *Journal of the American Medical Association* 161, núm. 17, agosto de 1956, págs. 1609-1613.

5   D.V. Reynolds, **Surgery in the Rat during Electrical Analgesia Induced by Focal Brain Stimulation**, *Science* 164, núm. 3878, abril de 1969, págs. 444-445.

6   H. Boecker, G. Henriksen, T. Sprenger, I. Miederer, F. Willoch, M. Valet, A. Berthele, y T.R. Tölle, **Positron Emission Tomography Ligand Activation Studies in the Sports Sciences: Measuring Neurochemistry in Vivo**, *Methods* 45, núm. 4, agosto de 2008, págs. 307-318.

7   J. Dum, C. Gramsch y A. Herz, **Activation of Hypothalamic Beta-Endorphin Pools by Reward Induced by Highly Palatable Food**, *Pharmacology, Biochemistry, & Behavior* 18, núm. 3, marzo de 1983, págs. 443-447.

8   J.S. Odendaal y R.A. Meintjes, **Neurophysiological Correlates of Affiliative Behaviour between Humans and Dogs**, *Veterinary Journal* 165, núm. 3, mayo de 2003, págs. 296-301.

9   R.D. Treede, W. Rief, A. Barke, Q. Aziz, M.I. Bennett, R. Benoliel, M. Cohen, et al., **A Classification of Chronic Pain for ICD-11**, *Pain* 156, núm. 6, junio de 2015, págs. 1003-1007.

10 R.J. Crook, K. Dickson, R.T. Hanlon y E.T. Walters, **Nociceptive Sensitization Reduces Predation Risk**, *Current Biology* 24, núm. 10, mayo de 2014, págs. 1121-1125.

11 E. Ernst, **Acupuncture: What Does the Most Reliable Evidence Tell Us?**, *Journal of Pain and Symptom Management* 37, núm. 4, abril de 2009, págs. 709-714.

12 National Institute on Drug Abuse, **Overdose Death Rates**, última actualización de junio de 2023, https://www.drugabuse.gov/related-topics/trends-statistics/overdose-death-rates.

Capítulo 10

1   S. Aglioti, N. Smania, M. Manfredi y G. Berlucchi, **Disownership of Left Hand and Objects Related to It in a Patient with Right Brain Damage**, *Neuroreport* 8, núm. 1, diciembre de 1996, págs. 293-296.

2   K.M. O'Craven, P.E. Downing y N. Kanwisher, **fMRI Evidence for Objects as the Units of Attentional Selection**, *Nature* 401, núm. 6753, octubre de 1999, págs. 584-587.

3   M. Corbetta y G.L. Shulman, **Human Cortical Mechanisms of Visual Attention during Orienting and Search**, *Philosophical Transactions of the Royal Society of London* 353, núm. 1373, agosto de 1998, págs. 1353-1362.

4   M. Corbetta, J.M. Kincade, J.M. Ollinger, M.P. McAvoy y G.L. Shulman, **Voluntary Orienting Is Dissociated from Target Detection in Human Posterior Parietal Cortex**, *Nature Neuroscience* 3, núm. 3, marzo de 2000, págs. 292-297.

5   M. Corbetta y G.L. Shulman, **Control of Goal-Directed and Stimulus-Driven Attention in the Brain**, *Nature Reviews Neuroscience* 3, núm. 3, marzo de 2002, págs. 201-215.

6   Ibid.

7   Ibid.

8   N. Wood y N. Cowan, **The Cocktail Party Phenomenon Revisited: How Frequent are Attention Shifts to One's Name in an Irrelevant Auditory Channel?**, *Journal of Experimental Psychology: Learning, Memory, and Cognition* 21, núm.1, enero de 1995, págs. 255-260.

9   D.J. Simons y C.F. Chabris, **Gorillas in Our Midst: Sustained Inattentional Blindness for Dynamic Events**, *Perception* 28, núm. 9, 1999, págs. 1059-1074.

10 D.L. Strayer, F.A. Drews y D.J. Crouch, **A Comparison of the Cell Phone Driver and the Drunk Driver**, *Human Factors* 48, núm. 2, verano de 2006, págs. 381-391.

11   J.K. Caird, K.A. Johnston, C.R. Willness, M. Asbridge y P. Steel, **A Meta-Analysis of the Effects of Texting on Driving**, *Accident: Analysis and Prevention* 71, octubre de 2014, págs. 311-318.

12   A. Furnham y L. Strbac, **Music Is as Distracting as Noise: The Differential Distraction of Background Music and Noise on the Cognitive Test Performance of Introverts and Extraverts**, *Ergonomics* 45, núm. 3, febrero de 2002, págs. 203-217.

13   G.B. Armstrong y L. Chung, **Background Television and Reading Memory in Context: Assessing TV Interference and Facilitative Context Effects on Encoding Versus Retrieval Processes**, *Communication Research* 27, núm. 3, junio de 2000, págs. 327-352.

14   E.A. Roth y K.H. Smith, **The Mozart Effect: Evidence for the Arousal Hypothesis**, *Perceptual and Motor Skills* 107, núm. 2, octubre de 2008, págs. 396-402.

15   J.M. Watson y D.L. Strayer, **Supertaskers: Profiles in Extraordinary Multitasking Ability**, *Psychonomic Bulletin & Review* 17, núm. 4, agosto de 2010, págs. 479-485.

16   Ibid.

17   E. Ophir, C. Nass, and A.D. Wagner, **Cognitive Control in Media Multitaskers**, *Proceedings of the National Academy of Sciences of the United States of America* 106, núm. 37, septiembre de 2009, págs. 15583-15587.

18   M.D. Mrazek, M.S. Franklin y D.T. Phillips, **Mindfulness Training Improves Working Memory Capacity and GRE Performance While Reducing Mind Wandering**, *Psychological Science* 24, núm. 5, marzo de 2013, págs. 776-781.

19   C.H. Hillman, M.B. Pontifex, L.B. Raine, D.M. Castelli, E.E. Hall y A.F. Kramer, **The Effect of Acute Treadmill Walking on Cognitive Control and Academic Achievement in Preadolescent Children**, *Neuroscience* 159, núm. 3, marzo de 2009, págs. 1044-1054.

20   Centers for Disease Control and Prevention, **Attention-Deficit/Hyperactivity Disorder (ADHD)**, última actualización de octubre de 2023, disponible en: https://www.cdc.gov/ncbddd/adhd/data.html.

21   E. Bowton, C. Saunders, K. Erreger, D. Sakrikar, H.J. Matthies, N. Sen, T. Jessen, et al., **Dysregulation of Dopamine Transporters via Dopamine D2 Autoreceptors Triggers Anomalous Dopamine Efflux Associated with Attention- Deficit Hyperactivity Disorder**, *Journal of Neuroscience* 30, núm. 17, abril de 2010, págs. 6048-6057.

22   N. del Campo, T.D. Fryer, Y.T. Hong, R. Smith, L. Brichard, J. Acosta-Cabronero, S.R. Chamberlain, et al., **A Positron Emission Tomography Study of Nigro- Striatal Dopaminergic Mechanisms Underlying Attention: Implications for ADHD and Its Treatment**, *Brain* 136, núm. 11, noviembre de 2013, págs. 3252-3270.

23   B.S. Molina, S.P. Hinshaw, J.M. Swanson, L.E. Arnold, B. Vitiello, P.S. Jensen, J.N. Epstein, et al., **The MTA at 8 Years: Prospective Follow-Up of Children Treated for Combined-Type ADHD in a Multisite Study**, *Journal of the American Academy of Child & Adolescent Psychiatry* 48, núm. 5, mayo de 2009, págs. 484-500.